“十四五”职业教育国家规划教材

机械制图习题集 第2版

黄春永 / 主编

季卫兵 章婷 刘冬花 / 副主编

ELECTROMECHANICAL

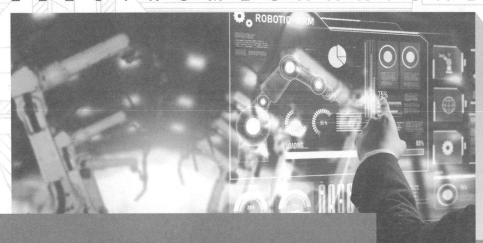

人民邮电出版社

北京

图书在版编目（CIP）数据

机械制图习题集 / 黄春永主编. -- 2版. -- 北京：
人民邮电出版社，2025. --（职业教育机电类系列教材）.
ISBN 978-7-115-65397-0

Ⅰ. TH126-44

中国国家版本馆 CIP 数据核字第 20243S42E0 号

内 容 提 要

本书与黄春永主编的《机械制图（第 2 版）（AR 版）（微课版）》教材配套使用。本书主要内容包括制图的基础知识与技能、投影基础知识、绘制轴测图、组合体的三视图、图样的画法、标准件和常用件、零件图及装配图等。本书在编写过程中严格贯彻新的技术制图系列和机械制图系列国家标准，根据职业学校的培养目标要求，整合了相关知识点，使之更具实用性。

本书可作为职业学校机械类及工程技术类专业"机械制图"课程的教材，也可供相关工程技术人员参考。

◆ 主　　编　黄春永

　　副 主 编　季卫兵　章　婷　刘冬花

　　责任编辑　刘晓东

　　责任印制　王　郁　焦志炜

◆ 人民邮电出版社出版发行　　北京市丰台区成寿寺路 11 号

　　邮编　100164　电子邮件　315@ptpress.com.cn

　　网址　https://www.ptpress.com.cn

　　北京市艺辉印刷有限公司印刷

◆ 开本：787×1092　1/16

　　印张：9.5　　　　　　　　　2025 年 6 月第 2 版

　　字数：239 千字　　　　　　2025 年 6 月北京第 1 次印刷

定价：39.80 元

读者服务热线：(010)81055256　印装质量热线：(010)81055316
反盗版热线：(010)81055315

前　　言

党的二十大报告指出："推进新型工业化，加快建设制造强国"。本书结合企业生产实践，科学选取典型案例题材和安排学习内容，在学习者学习专业知识的同时，激发爱国热情，培养爱国情怀，树立绿色发展理念，培养和传承中国工匠精神，筑基中国梦。

本书内容丰富，选例典型，图形准确、清晰。书中的习题有一定的富余量，为教师取舍和学生多练提供了方便。此外，还安排了一定数量的徒手绘图题，以提高学生绘制草图的能力。

1. 本书特点

（1）采用了最新的技术制图系列与机械制图系列国家标准。

（2）从学生的专业要求和就业需求出发，突出绘图、识图能力的培养。

（3）注重"互联网 +"教育，配套 AR 三维模型。本书中的复杂图形通过 AR 三维模型生动形象地呈现在学生面前，以帮助学生快速理解相关知识，进而实现高效学习。

2. 使用指南

（1）扫描二维码下载"人邮教育 AR"App 安装包，并在手机等移动设备上进行安装。

扫描二维码下载"人邮教育 AR"App 安装包

（2）安装完成后，打开 App，页面中会出现"扫描 AR 交互动画识别图""扫描 H5 交互页面二维码"和"扫描 AR 交互动画二维码"三个按钮。

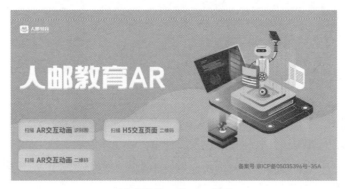

"人邮教育 AR" App 首页

（3）点击"扫描 AR 交互动画二维码"按钮，扫描书中的"AR 交互动画"二维码，即可显示对应的三维模型。

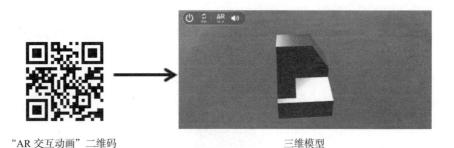

"AR 交互动画"二维码   三维模型

由于编者水平有限，书中难免存在不足之处，恳请广大读者批评指正。

编　者

2025 年 3 月

目　　录

项目一　制图的基础知识与技能

1-1　字体及常用符号书写练习（一）

螺 母 铸 钢 铁 钉 高 低 速 轴 左 右 旋 转 方 案 要 求 出 口 度 量 尺 寸 画 斜 线 材 料

均 布 与 零 件 截 面 孔 包 减 速 机 盖 同 钻 铰 刮 平 长 度 方 向 主 俯 基 准 后 前 视 测 定

1234567890R φ

abcdefghijklmnopqrstuvwxyz

班级　　　　　姓名　　　　　学号

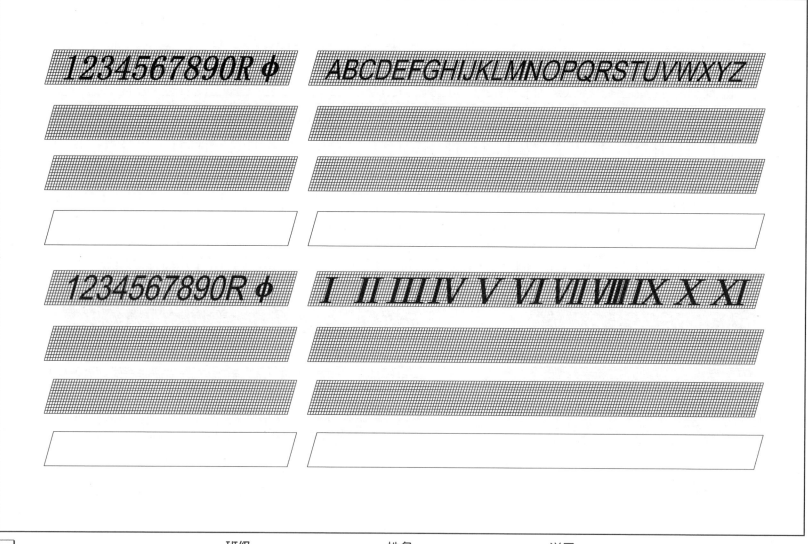

班级　　　　　　　　　　姓名　　　　　　　　　　学号

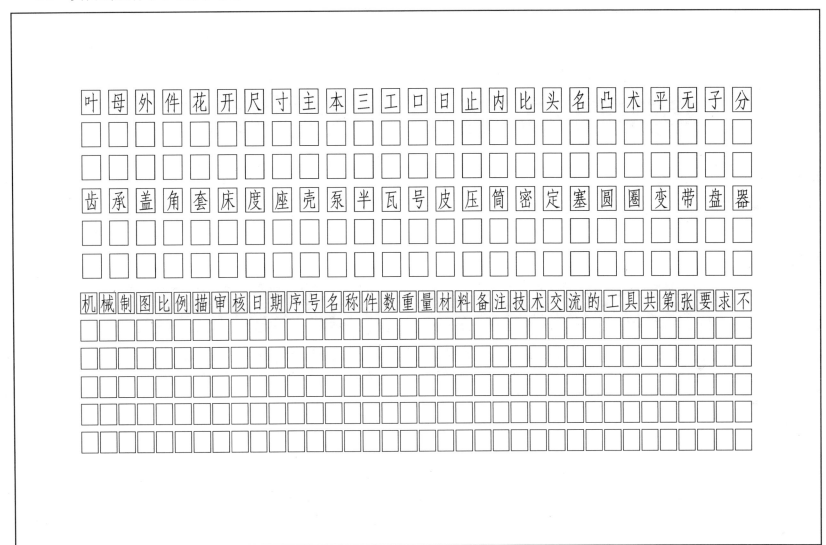

叶 母 外 件 花 开 尺 寸 主 本 三 工 口 日 止 内 比 头 名 凸 术 平 无 子 分

齿 承 盖 角 套 床 度 座 壳 泵 半 瓦 号 皮 压 筒 密 定 塞 圆 圈 变 带 盘 器

机 械 制 图 比 例 描 审 核 日 期 序 号 名 称 件 数 重 量 材 料 备 注 技 术 交 流 的 工 具 共 第 张 要 求 不

项目一 制图的基础知识与技能

班级　　　　姓名　　　　学号

机械制图习题集（第2版）

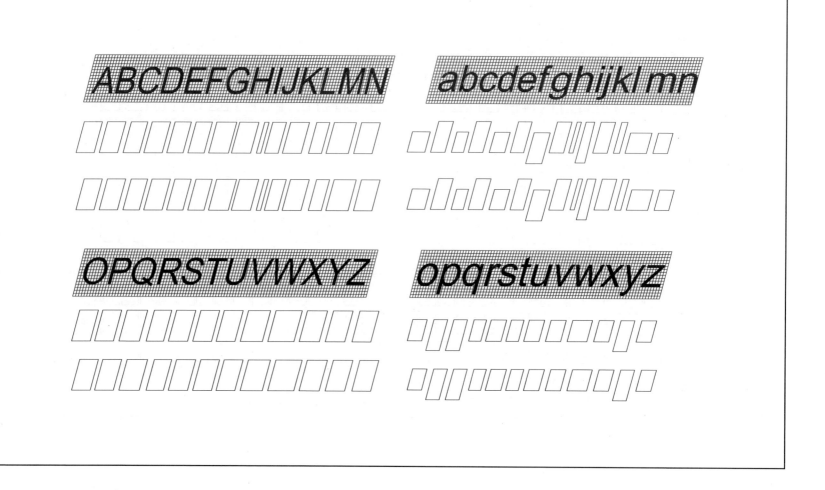

班级　　　　　　姓名　　　　　　学号

| （1）在指定位置按水平方向抄画下列图线。 | （2）在指定位置按1:1的比例抄绘所给图形，尺寸从图中量取。 |

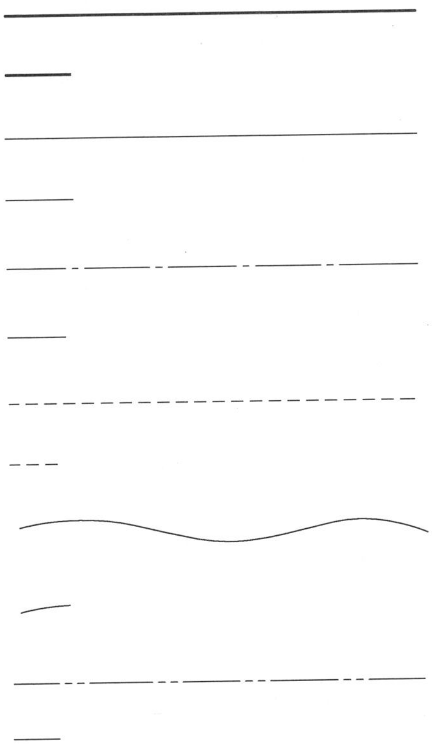

项目一　制图的基础知识与技能

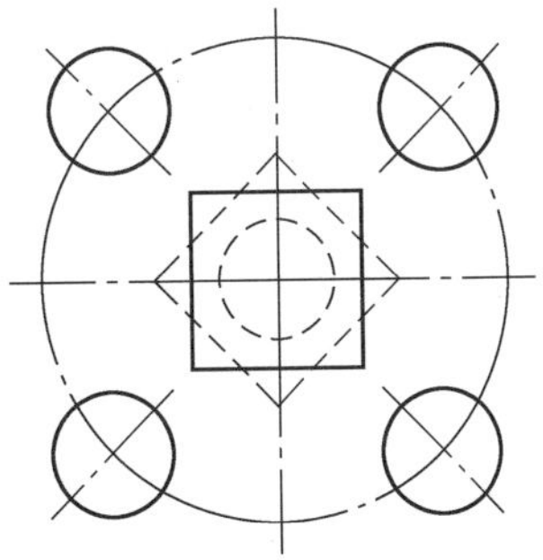

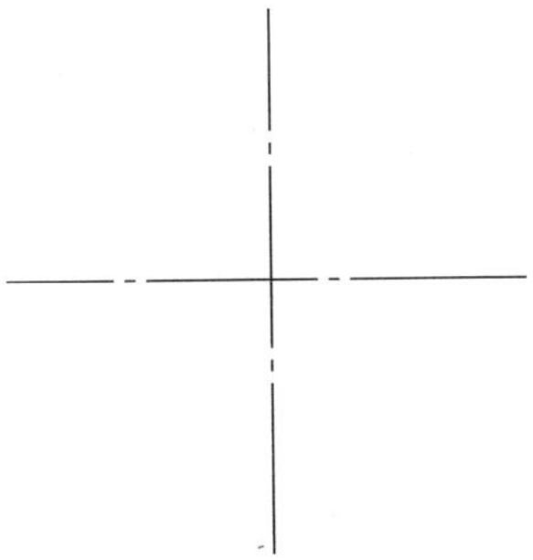

（3）以 O 为圆心，在指定位置处按半径从大到小依次画出粗实线圆、细实线圆、虚线圆和细点画线圆。

（4）在右边画出与左边对称的图线。

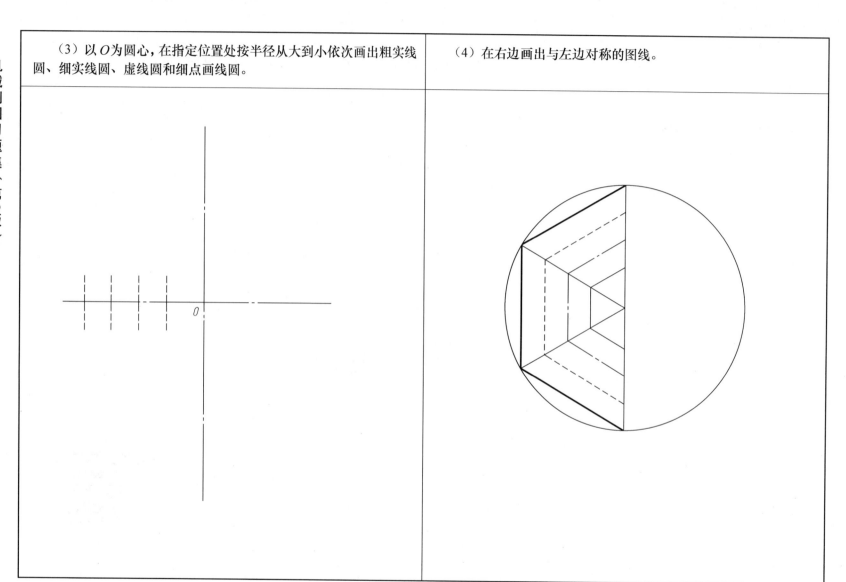

班级　　　　　　姓名　　　　　　学号

线型练习作业指导书

一、作业目的

（1）熟悉主要线型及其画法。

（2）掌握边框及标题栏的画法。

（3）正确使用绘图工具。

二、内容与要求

（1）按示范图例绘制各种图线。

（2）绘制边框线和标题栏。

（3）按 1:1 的比例在 A4 图纸上绘图。

三、作图步骤

（一）画底稿图（用 H 或 2H 铅笔）。

（1）画边框线。

（2）在右下角画标题栏。

（3）按给定尺寸作图。

（4）校对底稿，擦去多余图线。

（二）描深和填写标题栏。

（1）按底稿线描深、加粗各粗实线（用 HB 或 B 铅笔）。

（2）画细虚线、细点画线、细实线（用 H 或 HB 铅笔）。

（3）用标准字体填写标题栏。

四、注意事项

（1）各种图线必须符合国家标准规定，粗实线的宽度建议采用0.7，同类图线的宽度应一致。

（2）细虚线、细点画线的线和间隔在画底稿时就应正确画出，并应一致。

（3）各种图线相交应符合规定。

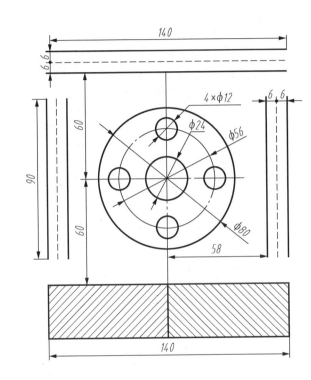

（1）对比阅读左右两图，左图所示是初学者在标注尺寸时常犯的错误。

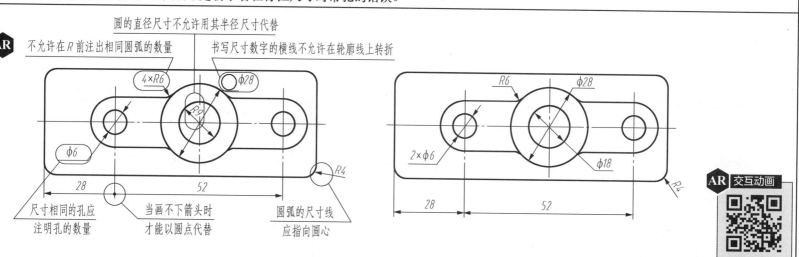

圆的直径尺寸不允许用其半径尺寸代替

不允许在R前注出相同圆弧的数量

书写尺寸数字的横线不允许在轮廓线上转折

4×R6   φ28

φ6

28   52

尺寸相同的孔应
注明孔的数量

当画不下箭头时
才能以圆点代替

圆弧的尺寸线
应指向圆心

R6   φ28

2×φ6   φ18

28   52

R4

（2）将图中未注的尺寸（按 1:1 的比例从图中量取）和未画出的箭头补上，尺寸数字的大小及箭头的形状和大小要与图中已给出的相一致。

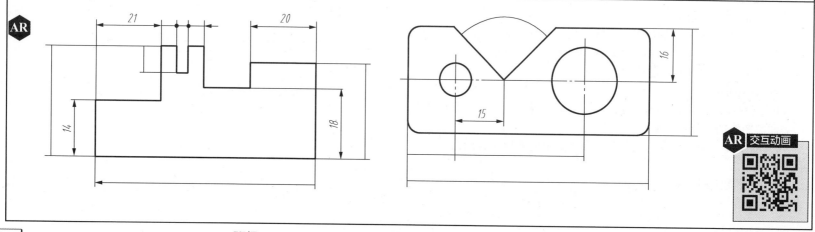

21   20

14   18

16   15

班级   姓名   学号

请指出左图中尺寸标注的错误，并在右图中将正确的尺寸标注出来。

①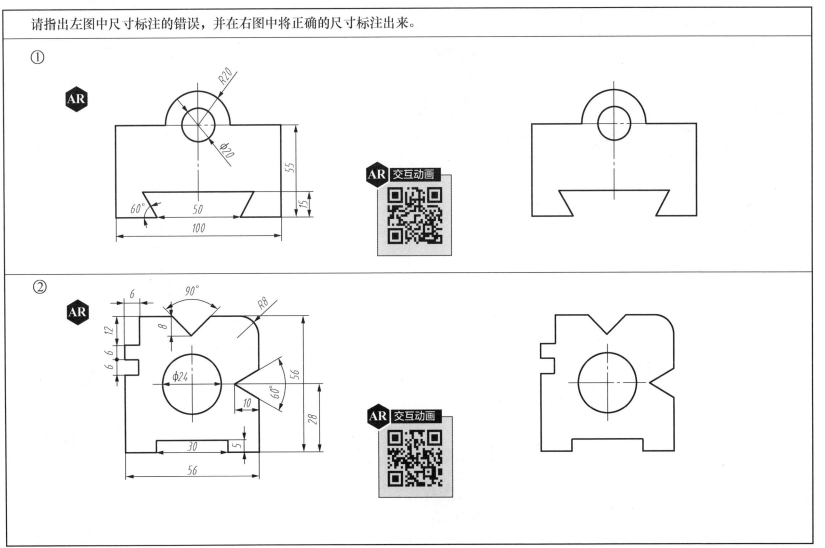

②

机械制图习题集（第2版）

标注下列图形的尺寸（按 1:1 的比例量取整数）。

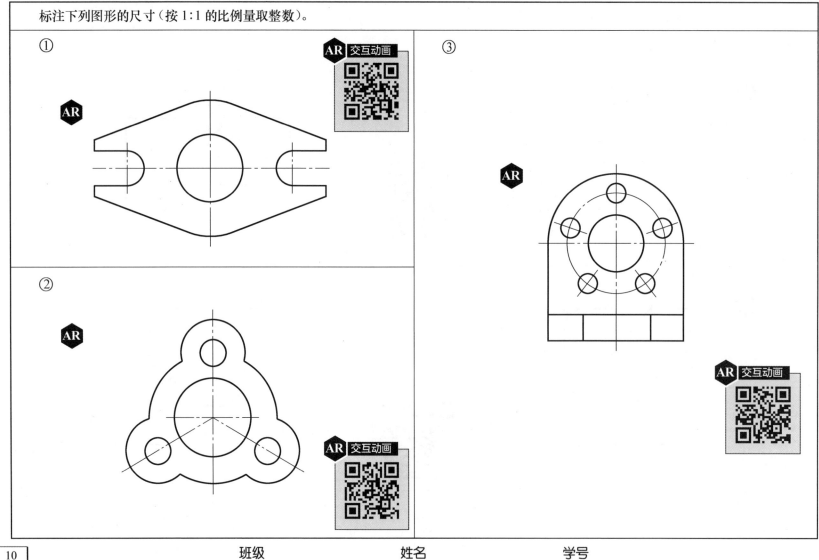

① AR 交互动画

② AR 交互动画

③ AR 交互动画

班级   姓名   学号

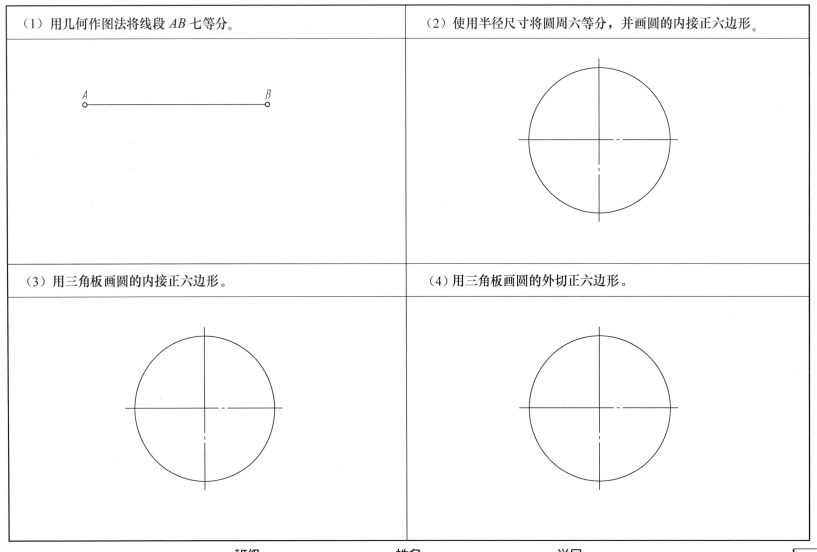

（1）用几何作图法将线段 *AB* 七等分。

A ———————————— *B*

（2）使用半径尺寸将圆周六等分，并画圆的内接正六边形。

（3）用三角板画圆的内接正六边形。

（4）用三角板画圆的外切正六边形。

机械制图习题集（第2版）

（1）按右上图所示画圆的内接正五边形。	（2）按 1:1 的比例绘制图形，并标注尺寸。

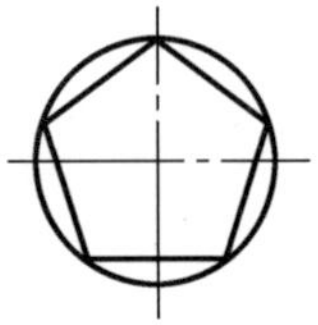

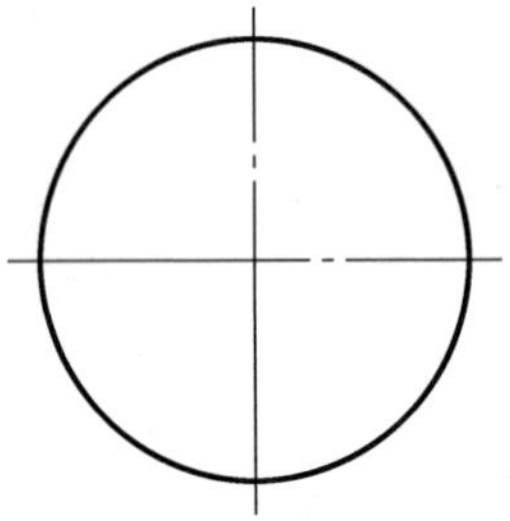

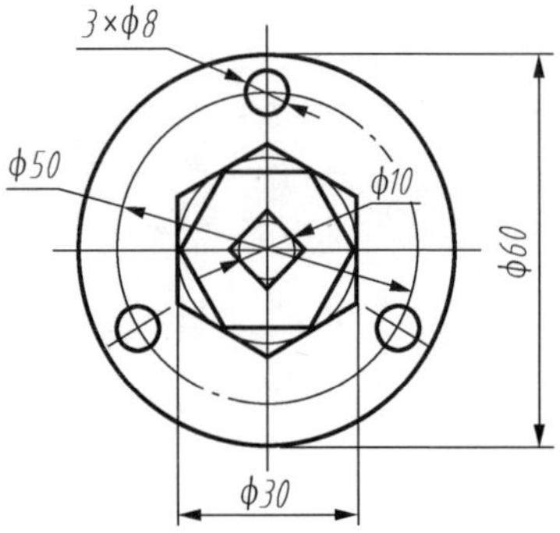

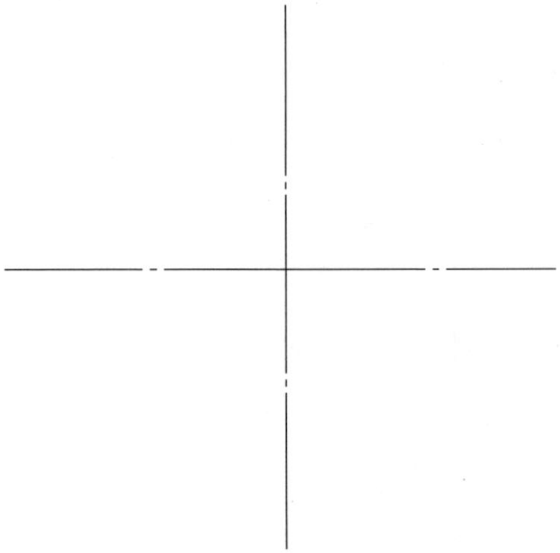

班级　　　　　姓名　　　　　学号

（1）完成线段连接（比例为1.5：1），并标出连接圆弧的中心和切点。

（2）完成线段连接（比例为1：1.5），并标出连接圆弧的中心和切点。

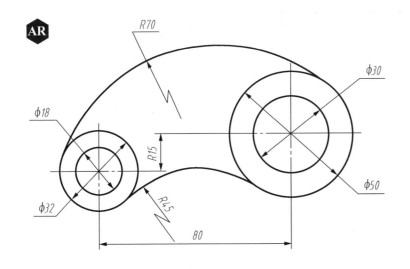

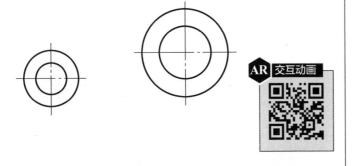

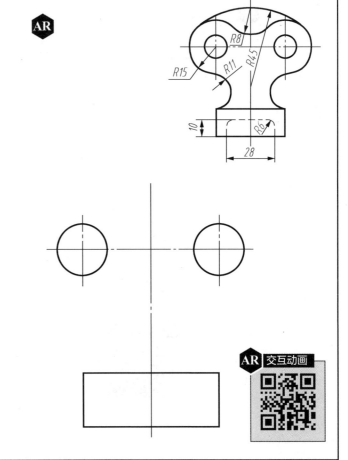

班级　　　　　姓名　　　　　学号

（1）按 1:1 的比例绘制图形，并标注尺寸。

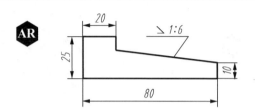

（2）按图中所注尺寸，按 1:3 的比例在指定位置绘制该图形，并标注尺寸。

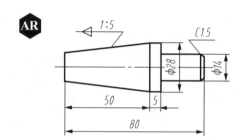

班级　　　　　姓名　　　　　学号

根据图例，按1:1的比例在指定位置绘图。

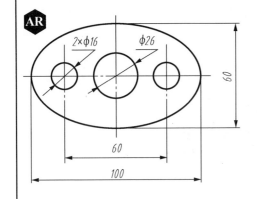

班级　　　　　　姓名　　　　　　学号

机械制图习题集（第2版）

抄画平面图形作业指导书

一、作业目的

（1）熟悉平面图形的绘制过程及尺寸标注方法。

（2）掌握线段连接技巧。

二、内容与要求

（1）按教师指定的题号绘制平面图形，并标注尺寸。

（2）采用A4图纸，自己选定绘图比例。

三、作图步骤

（一）分析图形。分析图形中的尺寸作用及线段性质，从而确定作图步骤。

（1）画图框及标题栏。

（2）画出图形的基准线、对称线及圆的中心线等。

（3）按已知线段、中间线段、连接线段的顺序画出图形。

（4）画出尺寸界线、尺寸线。

（二）检查底稿。

（三）加深图形。

（四）画箭头，标注尺寸，填写标题栏。

（五）校对及修饰图形。

四、注意事项

（1）在布置图形时，应考虑标注尺寸的位置。

（2）画底稿时，作图线应轻而准确，圆弧连接应找出连接圆弧的圆心和切点。

（3）加深图形时必须细心，按"先粗后细，先曲后直，先水平后垂直、倾斜"的顺序绘制。同类图线应规格一致，连接线要平滑。

（4）箭头应符合规定，并且大小一致。

（5）不要漏注尺寸或漏画箭头。

（6）用标准字体填写尺寸数字及标题栏。

（7）保持图面清洁。

五、图例（见右图及下两页图）

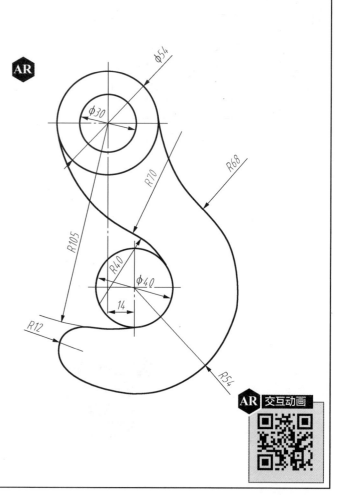

班级　　　　　　姓名　　　　　　学号

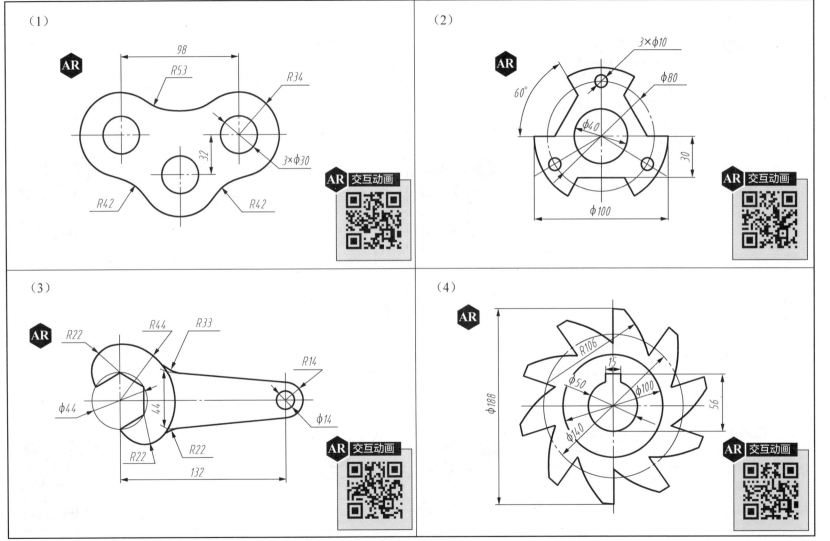

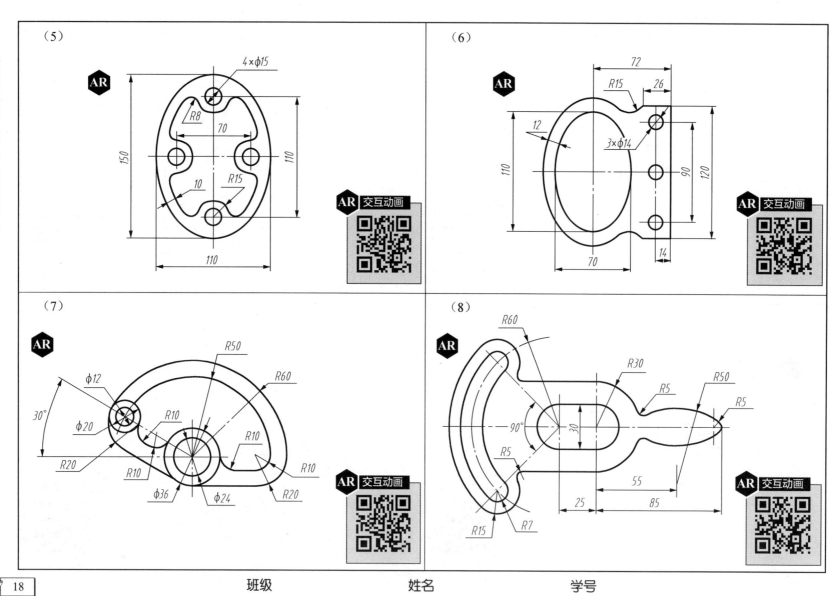

（1）

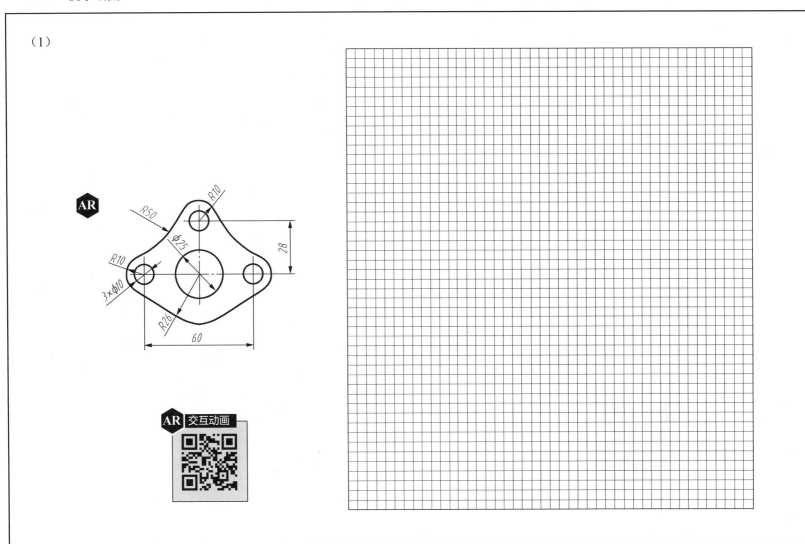

（2）

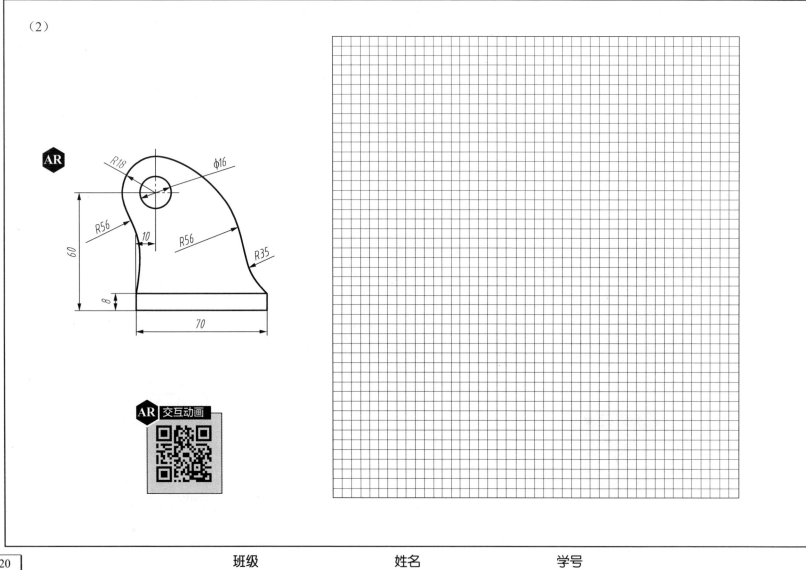

机械制图习题集（第2版）

班级　　　　　　姓名　　　　　　学号

项目二　投影基础知识

2-1　投影法的概念

判断下列投影图各符合正投影的什么性质。

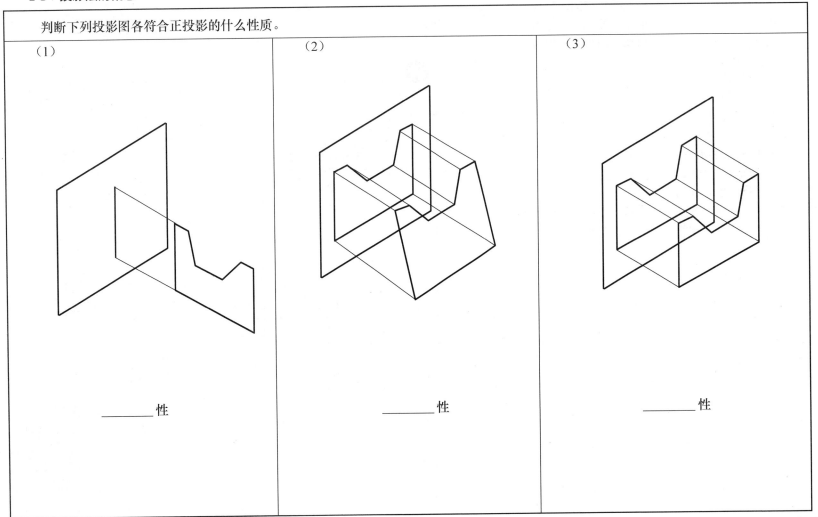

（1）

_____性

（2）

_____性

（3）

_____性

班级　　　　　　　　姓名　　　　　　　　学号

（1）投射方向与视图名称的关系如下。

由 ＿＿＿＿＿ 向 ＿＿＿＿＿ 投射所得的视图，称为 ＿＿＿＿＿＿。

由 ＿＿＿＿＿ 向 ＿＿＿＿＿ 投射所得的视图，称为 ＿＿＿＿＿＿。

由 ＿＿＿＿＿ 向 ＿＿＿＿＿ 投射所得的视图，称为 ＿＿＿＿＿。

（2）视图间的三等关系如下。

主、俯视图 ＿＿＿＿＿。

主、左视图 ＿＿＿＿＿。

俯、左视图 ＿＿＿＿＿。

（3）视图与物体间的方位关系如下。

主视图反映物体的 ＿＿＿＿＿ 和 ＿＿＿＿＿。

俯视图反映物体的 ＿＿＿＿＿ 和 ＿＿＿＿＿。

左视图反映物体的 ＿＿＿＿＿ 和 ＿＿＿＿＿。

俯、左视图，远离主视图的一边，表示物体的 ＿＿＿＿ 面，靠近主视图的一边，表示物体的 ＿＿＿＿＿ 面。

（a）

（b）

（c）

（d）

AR 交互动画

班级　　　　姓名　　　　学号

（1）根据下一页立体图找出对应的三视图，将对应的立体图号码填写在三视图的括号内。

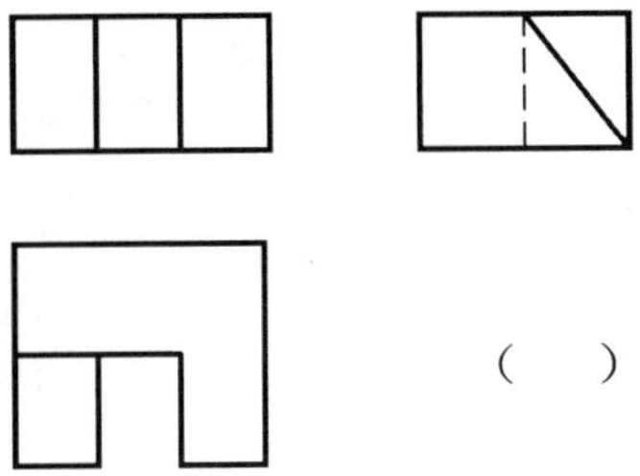

（　　）

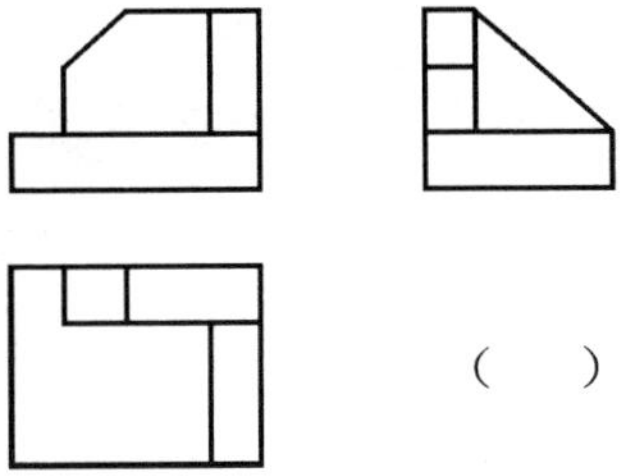

（　　）

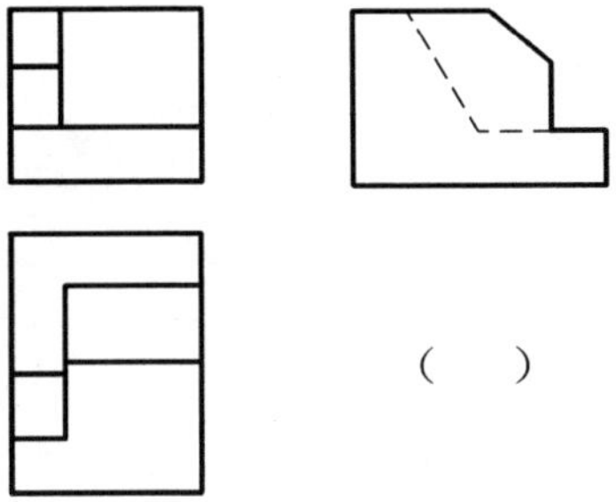

（　　）

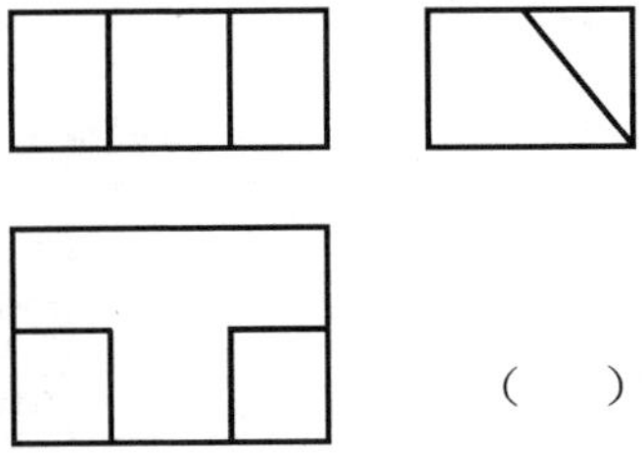

（　　）

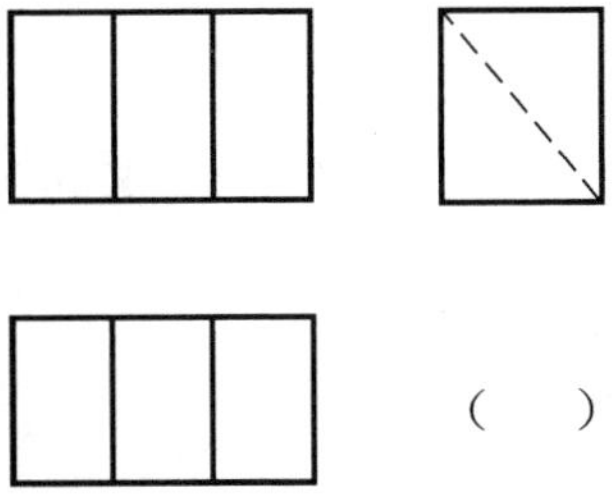

（　　）

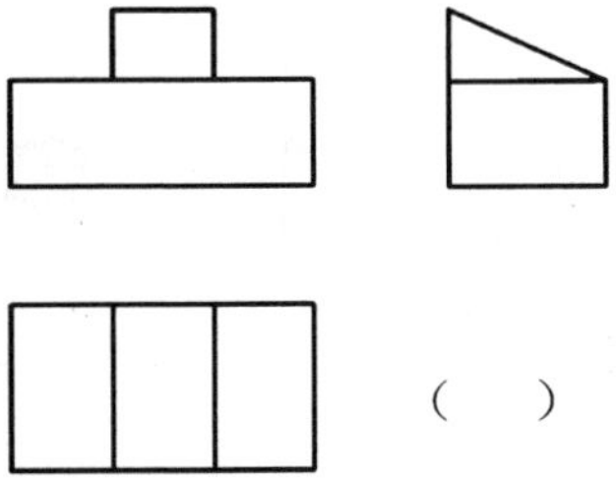

（　　）

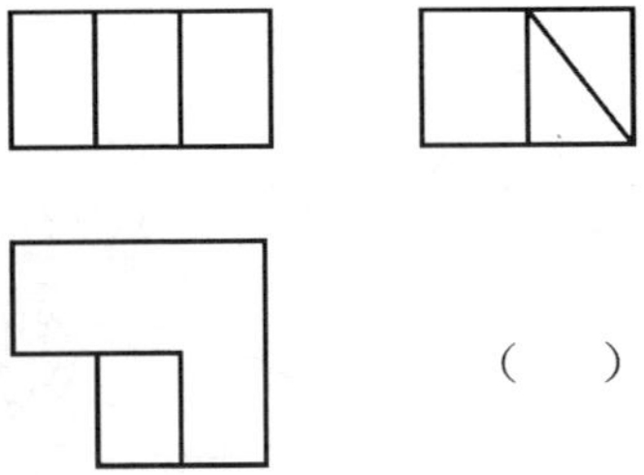

（　　）

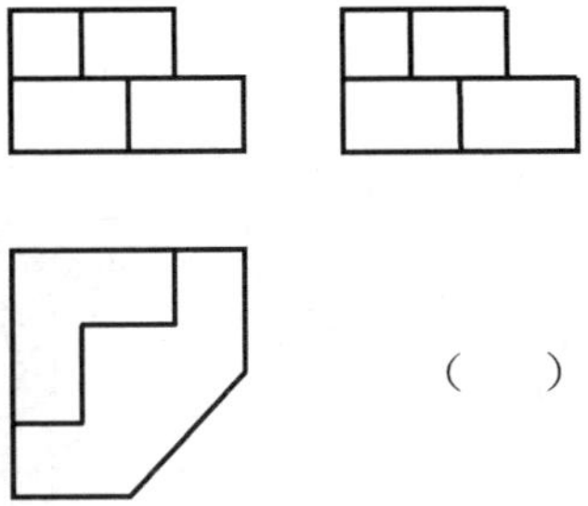

（　　）

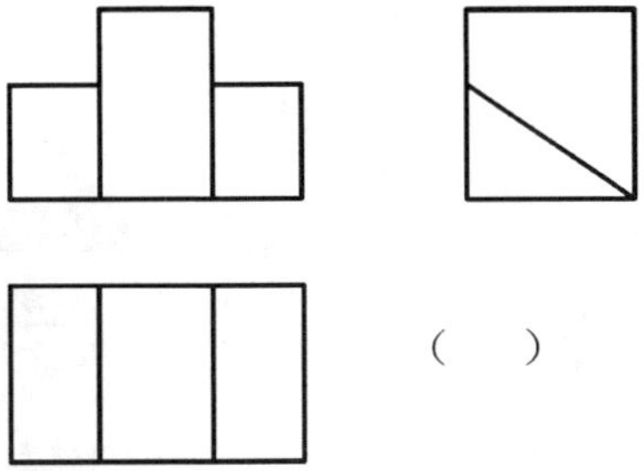

（　　）

班级　　　　　　姓名　　　　　　学号

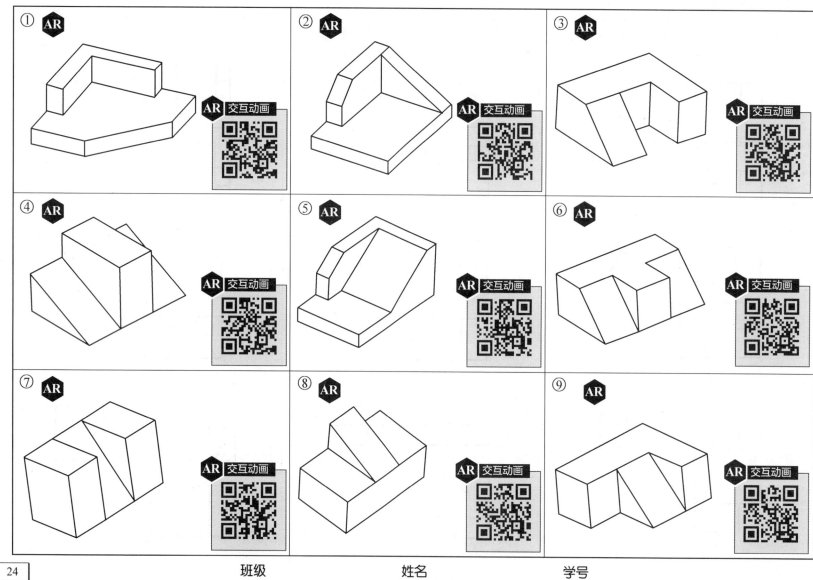

班级   姓名   学号

（2）根据立体图补画所缺的图线。

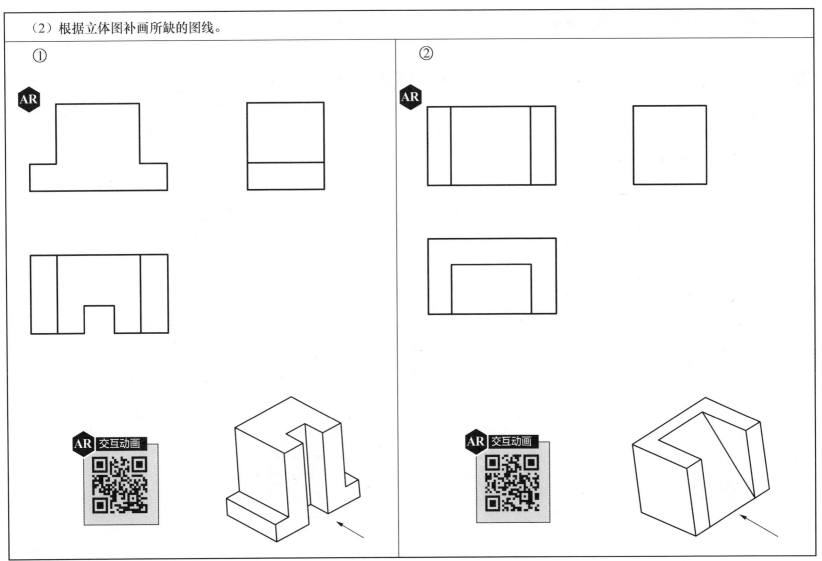

①

②

AR

AR 交互动画

AR 交互动画

（3）根据立体图及其主视图，补画其他视图。

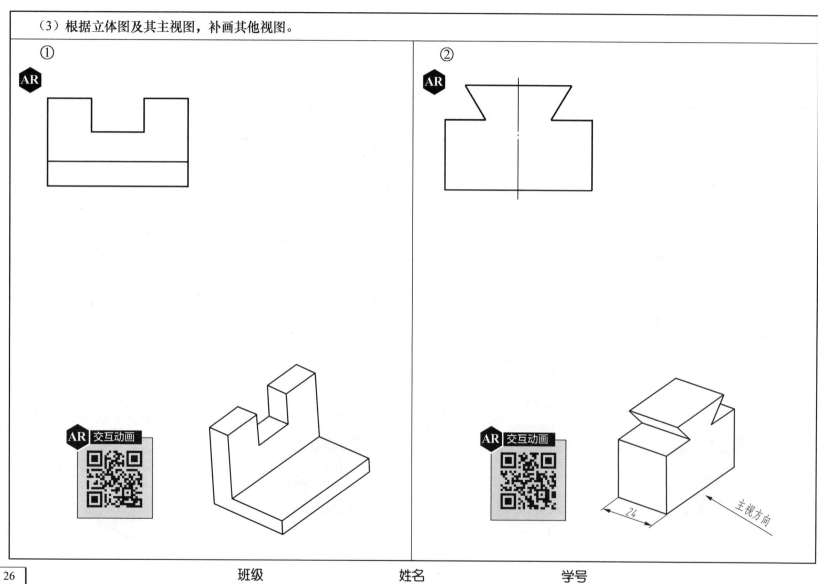

① ②

主视方向

24

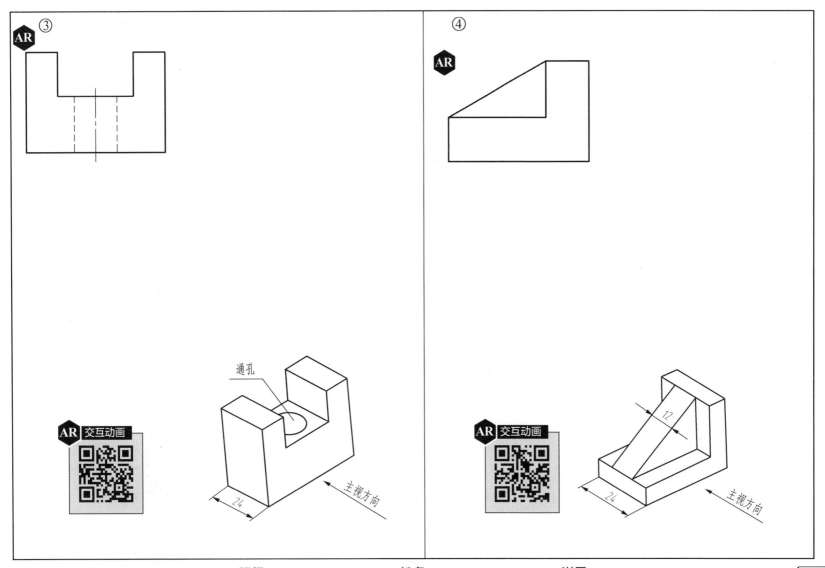

③

AR

通孔

AR 交互动画

24

主视方向

④

AR

AR 交互动画

12

24

主视方向

三视图绘图作业指导书

三视图示例

一、作业目的

（1）初步掌握根据模型画三视图的方法。

（2）熟悉三视图之间的对应关系。

（3）正确使用绘图工具。

二、内容与要求

（1）横放 A3 图纸。

（2）画出投影轴和全部投影连线绘图比例自定。

三、作图步骤

（1）布图时，三视图之间的距离应适当。

（2）主视图应能明显地表现模型的形状特征。一般以模型的最大尺寸作为长度方向的尺寸。在确定主视图投射方向时，还应考虑到各个视图中的虚线越少越好。

（3）画底稿时，首先画出投影轴，其次画外形轮廓线，然后按顺序画内部轮廓线。

（4）底稿完成后，经检查、修正，再按线型的规格描深。

四、注意事项

（1）三视图应按规定的位置配置，且符合"长对正、高平齐、宽相等"的关系。

（2）测量模型尺寸时如有小数，画图时要化为整数。

（3）注意虚线与其他线相交处的画法。

五、图例（见右图）

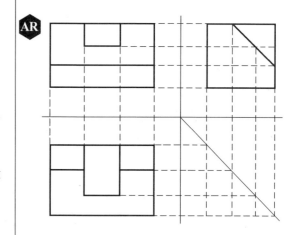

AR 交互动画

班级　　　　　　　　姓名　　　　　　　　学号

根据立体图，选用合适的比例在 A3 图纸上绘制三视图，并标注尺寸。

① ②

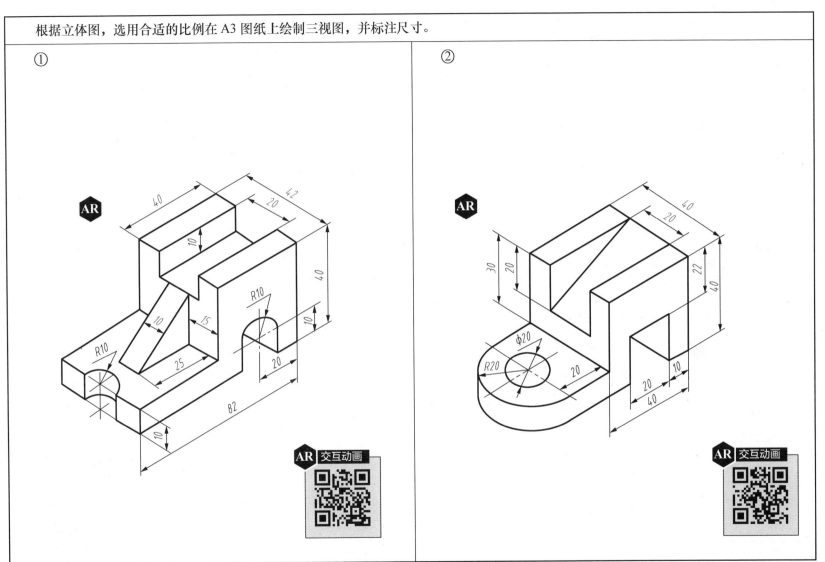

机械制图习题集（第2版）

（1）根据点的两个投影，作出其第三投影。

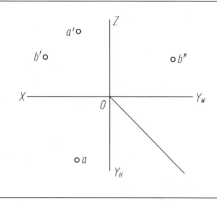

（2）已知点 $A(10,20,15)$，作点 A 的三面投影图。

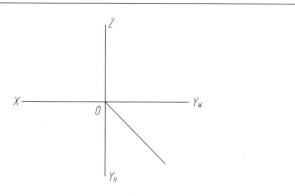

（3）根据轴测图作出 A、B、C 这3点的投影图。

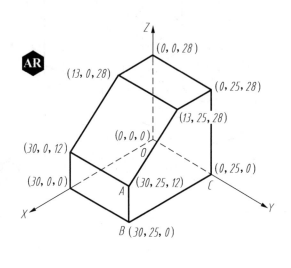

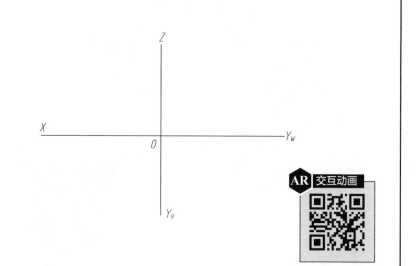

班级　　　　　姓名　　　　　学号

（4）已知点 $A(18,12,0)$、$B(0,18,25)$、$C(26,0,0)$，作出各点的三面投影。

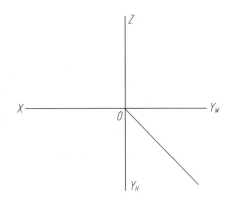

点 A 在_____面上，它的_____坐标等于零。
点 B 在_____面上，它的_____坐标等于零。
点 C 在_____轴上，它的_____和_____坐标均为零。

（5）已知点 M、N 的两个投影，作其第三投影，并判断这两个点的相对位置。

X_M_____X_N，点 M 在点 N 的_____方。
Y_M_____Y_N，点 M 在点 N 的_____方。
Z_M_____Z_N，点 M 在点 N 的_____方。

2-6 直线的投影（一）

根据已知条件完成直线的三面投影，并完成填空题。

（1）

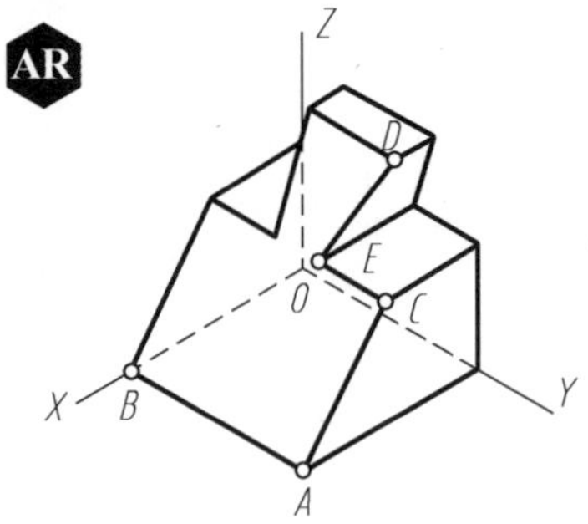

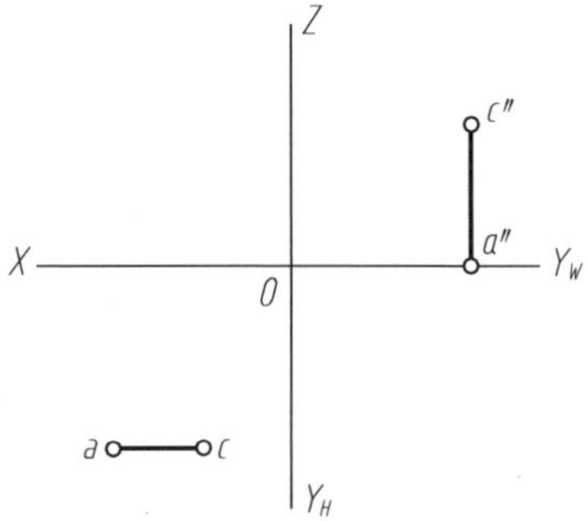

线段 *AC* 是____线，
AC 在____投影面上。

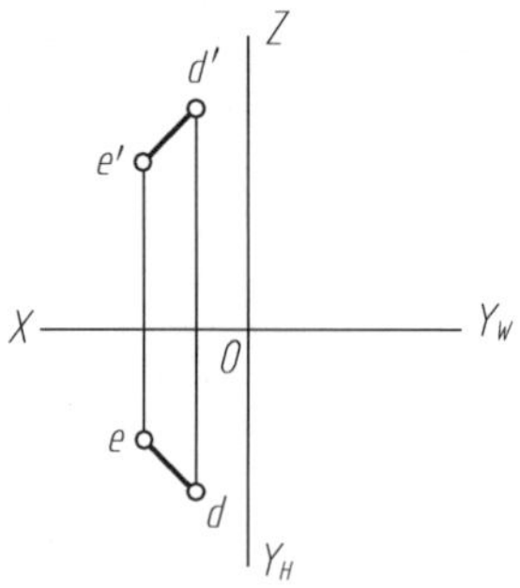

线段 *DE* 是____线，
3 个投影都比实长____。

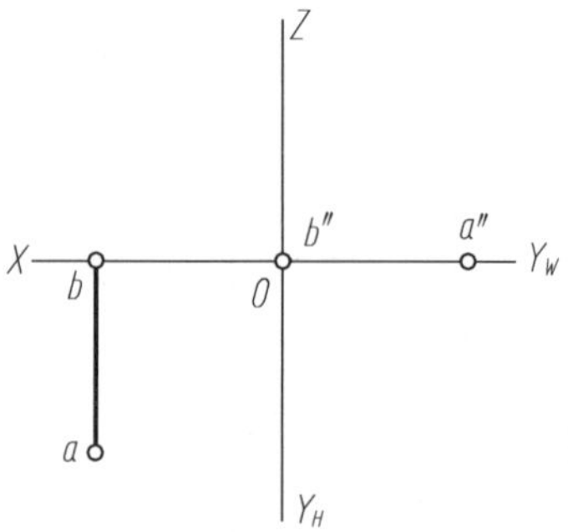

线段 *AB* 是____线，
____面投影反映实长。

（2）

AB 为_____线。　　*BC* 为_____线。　　*CD* 为_____线。

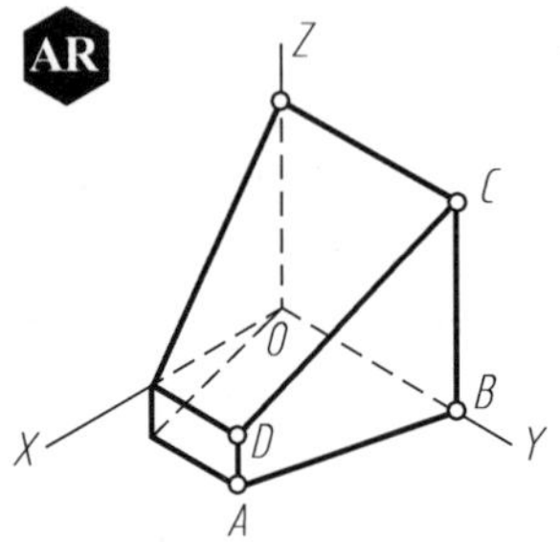

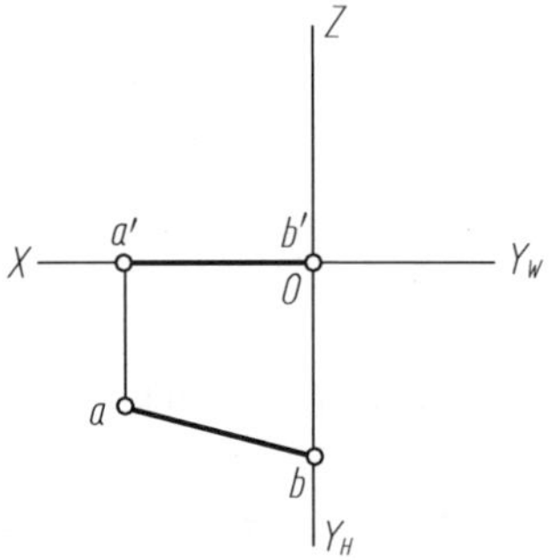

____面投影反映线段
AB 的实长。

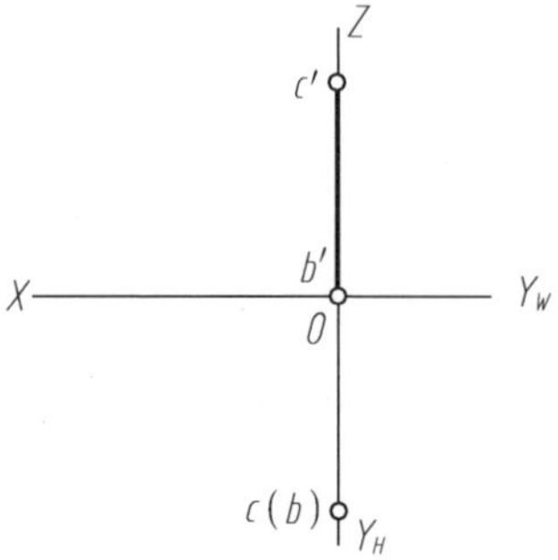

线段 *BC* 垂直于____面，
__投影反映实长。

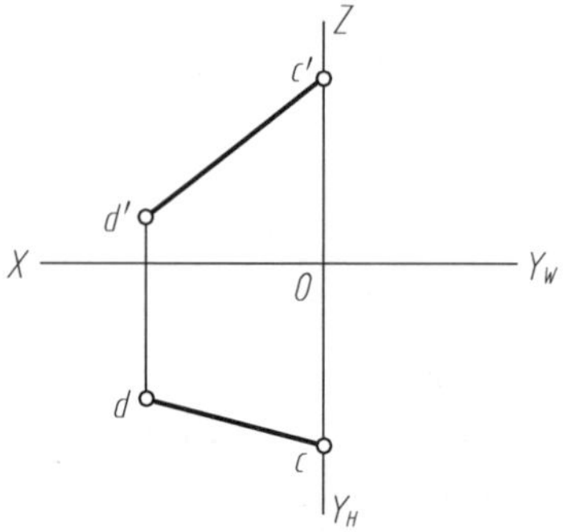

线段 *CD* 的三面投影都与投影轴____。

班级　　　　姓名　　　　学号

（1）已知线段 CD、EF 的两面投影，作第三面投影，并说明其空间位置。

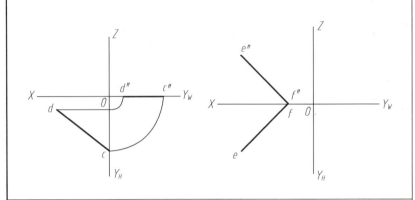

（2）在下图中，将 AB、a"b"、CD、c'd'、c"d" 注全，并描深图线。

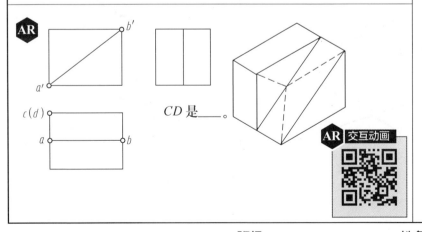

CD 是____。

（3）已知 Ⅰ、Ⅱ、Ⅲ 这3点分别在三棱锥的 SA、SB、SC 棱线上，作这3点的水平投影和侧面投影，并将其同面投影连接起来。判别 ⅠA、ⅡB、ⅢC 直线的空间位置。

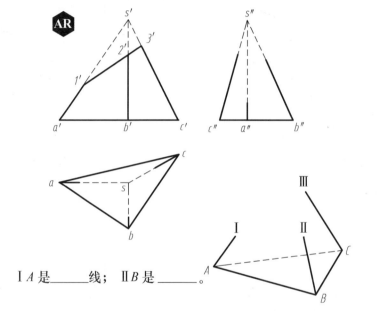

ⅠA 是____线；ⅡB 是____。

项目二　投影基础知识

（1）判别直线 AB 和 CD 的相对位置（平行、相交、交叉）。

①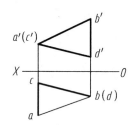

AB 与 CD_____。

②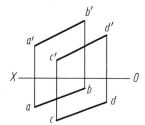

AB 与 CD_____。

③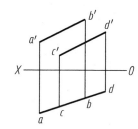

AB 与 CD_____。

④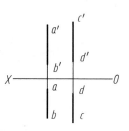

AB 与 CD_____。

⑤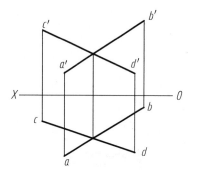

AB 与 CD_____。

⑥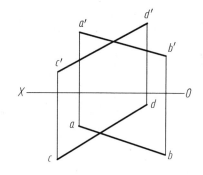

AB 与 CD_____。

机械制图习题集（第2版）

班级　　　　　　姓名　　　　　　学号

（2）由已知条件，判断下列直线与投影面的相对位置。

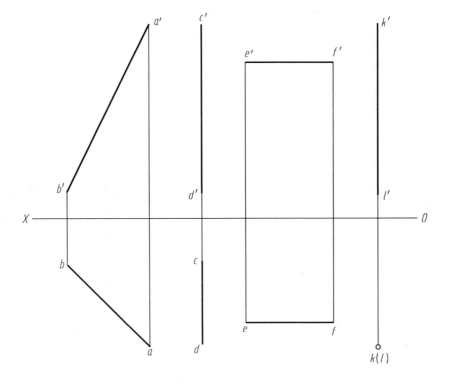

AB 是_____线。　　　　EF 是_____线。

CD 是_____线。　　　　KL 是_____线。

（3）已知直线 *AB* 的两端点距 *H*、*V*、*W* 面的距离分别为 10、15、20，且点 *B* 在点 *A* 的左面距离为 5，前面距离为 10，下面距离为 5，完成 *AB* 的三面投影。

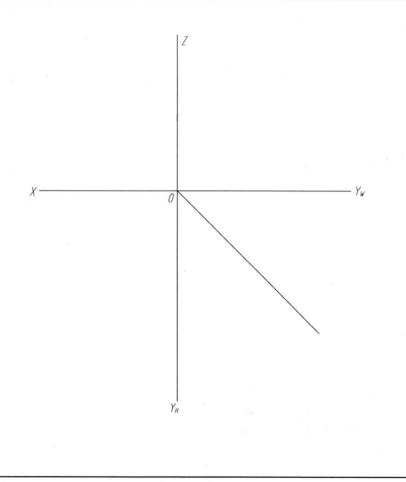

（4）判断空间两直线的相对位置关系。

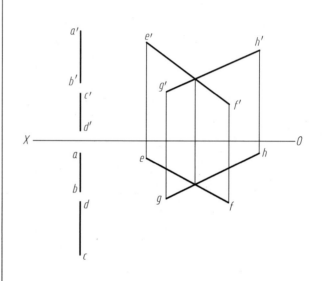

AB 与 *CD*＿＿＿＿＿＿。

EF 与 *GH*＿＿＿＿＿＿。

（1）已知平面的两面投影，完成其第三面投影，并判断其对投影面的空间位置。

①

该平面是 ＿＿＿＿＿＿＿＿＿。

②

该平面是 ＿＿＿＿＿＿＿＿＿。

（2）补画平面的第三投影，并填写平面的名称和相对投影面的空间位置。

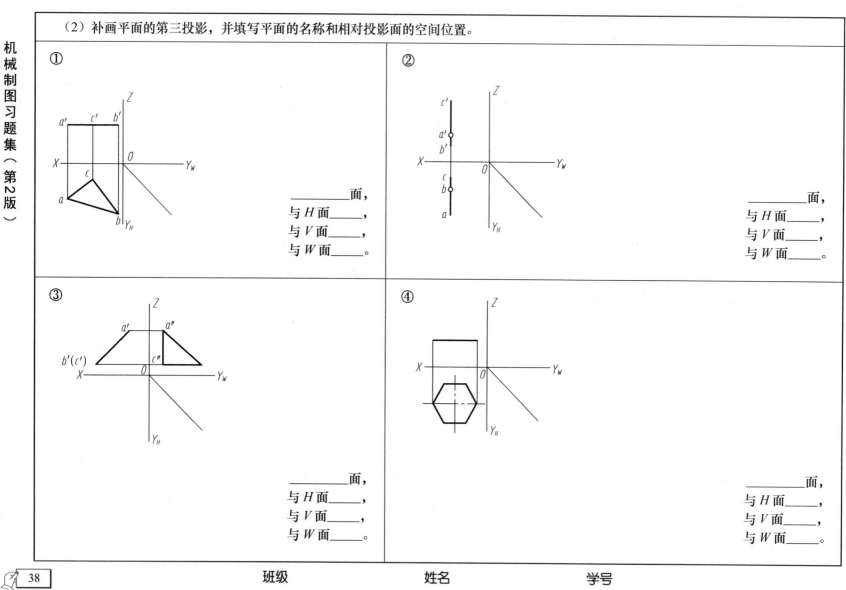

①

_____面，
与 H 面_____，
与 V 面_____，
与 W 面_____。

②

_____面，
与 H 面_____，
与 V 面_____，
与 W 面_____。

③

_____面，
与 H 面_____，
与 V 面_____，
与 W 面_____。

④

_____面，
与 H 面_____，
与 V 面_____，
与 W 面_____。

（1）判断下列各点是否在平面上。

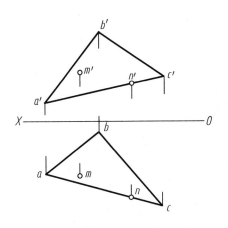

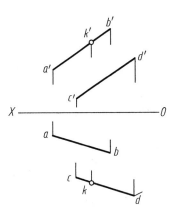

（2）已知平面 *ABCD* 的边 *AB* 平行于 *V* 面，补全 *ABCD* 的水平投影。

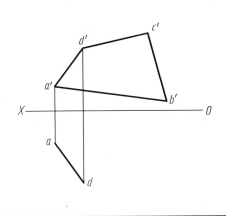

（3）补全平面 *ABCDE* 的两面投影。

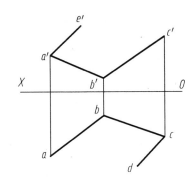

（4）绘制△ABC 的 W 面投影及该平面上点 K 的 H、W 面投影。

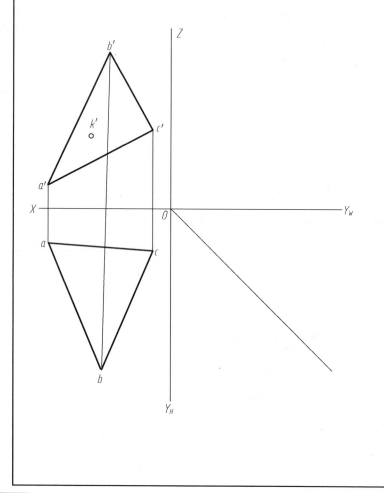

（5）绘制△ABC 上线段 EF 和 GF 的投影。

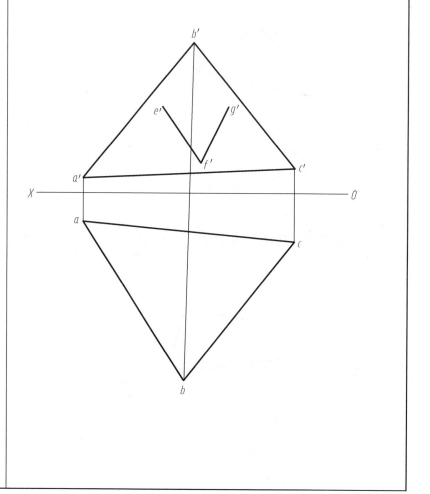

班级　　　　　　姓名　　　　　　学号

（1）判断下列两平面是否平行。

①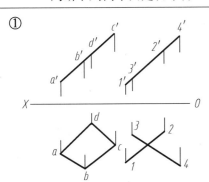

_____

②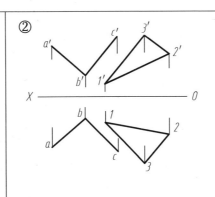

_____

③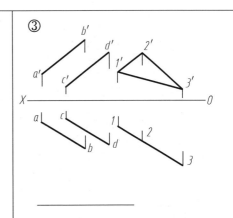

_____

（2）求直线 *AB* 与平面 △*CDE* 的交点，并判断其可见性。

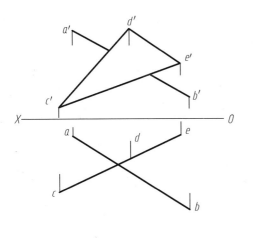

（3）求直线 *AB* 与平面 *CDEF* 的交点，并判断其可见性。

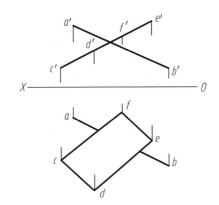

（4）求线段 *DE* 与平面 *ABC* 的交点，并判断其可见性。

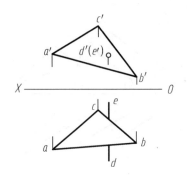

（5）求线段 *EF* 与平面 *ABCD* 的交点，并判断其可见性。

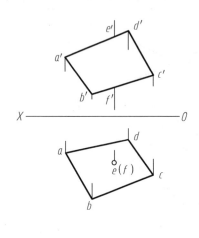

（6）求平面 *ABC* 与平面 *DEFG* 的交线，并判断其可见性。

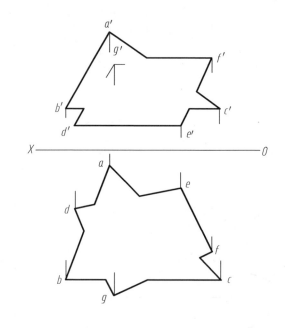

班级　　　　　　姓名　　　　　　学号

（1）根据立体图绘制其的三视图。

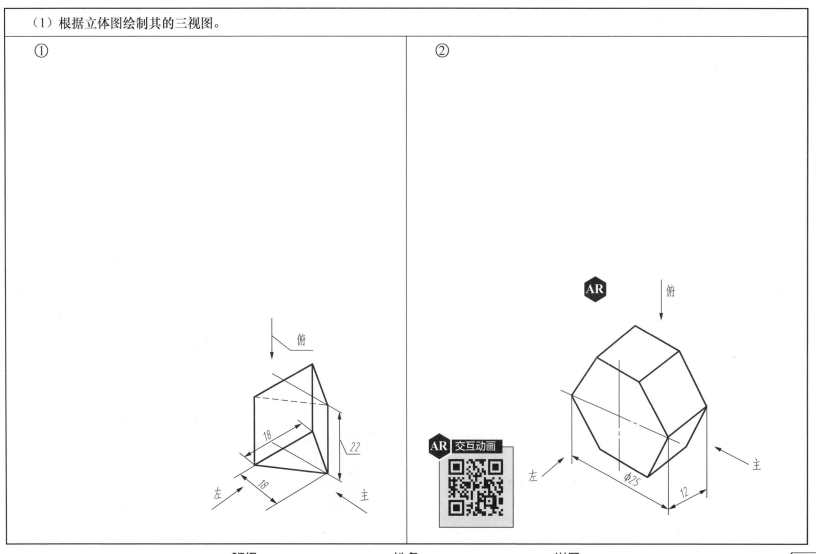

①

②

班级　　　　　姓名　　　　　学号

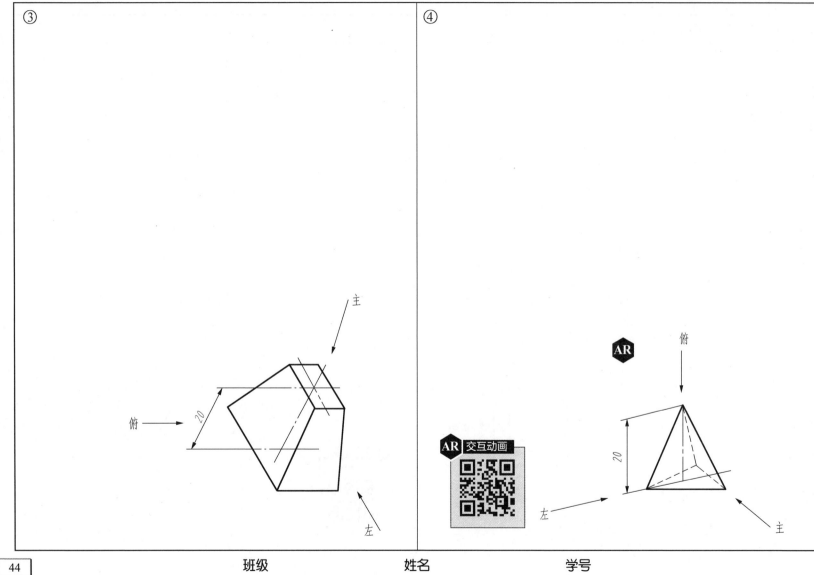

主

俯

20

左

AR

AR 交互动画

俯

20

左

主

班级　　　姓名　　　学号

机械制图习题集（第2版）

（2）绘制立体表面上点、线的三面投影。

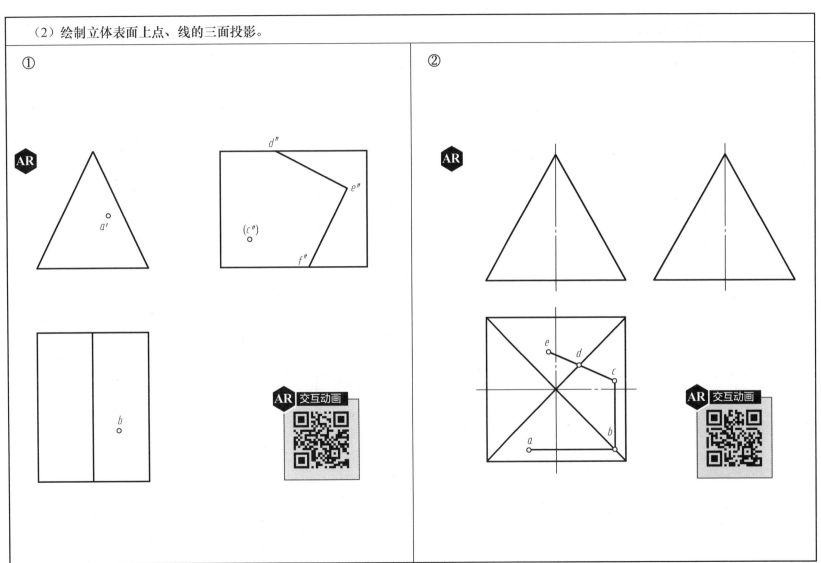

（3）绘制立体的第三面投影。

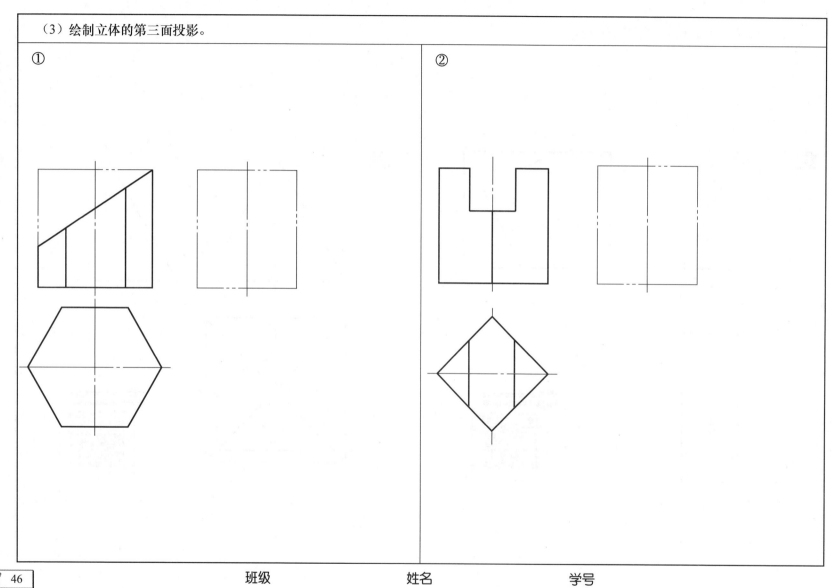

班级　　　　　　姓名　　　　　　学号

（1）已知回转体的两个投影，绘制其表面上点、线的投影。

（2）已知回转体表面上点的一面投影，作其另两面投影。

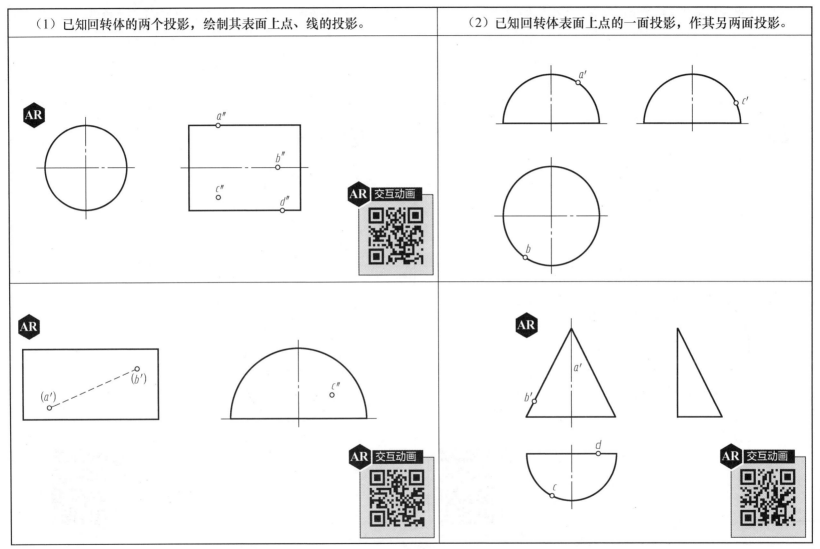

（3）作出球体被截切后的侧面投影，并补全水平投影。

（4）作出圆锥的左视图，补全已知点的其余两个投影。

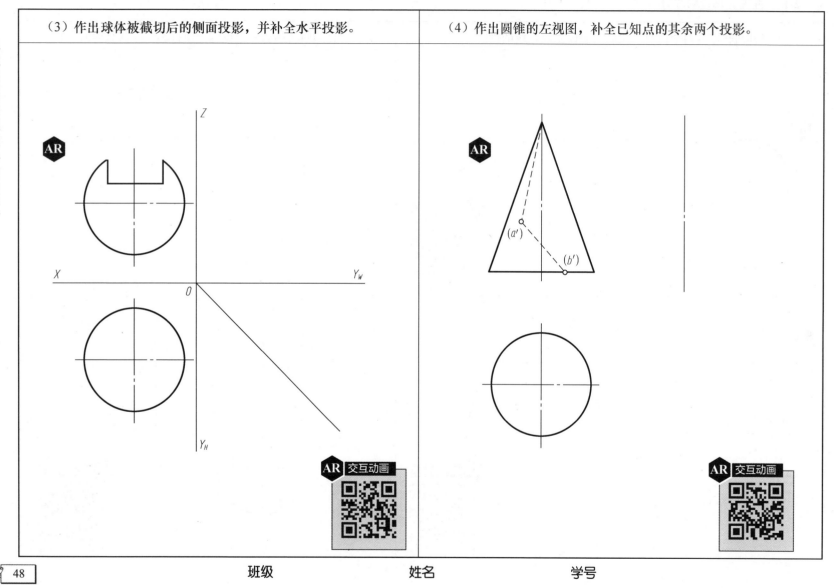

班级　　　　　　姓名　　　　　　学号

（5）作出圆台的左视图，并补全已知点的其余两个投影。

（6）根据立体图，作出穿孔圆台的三视图。

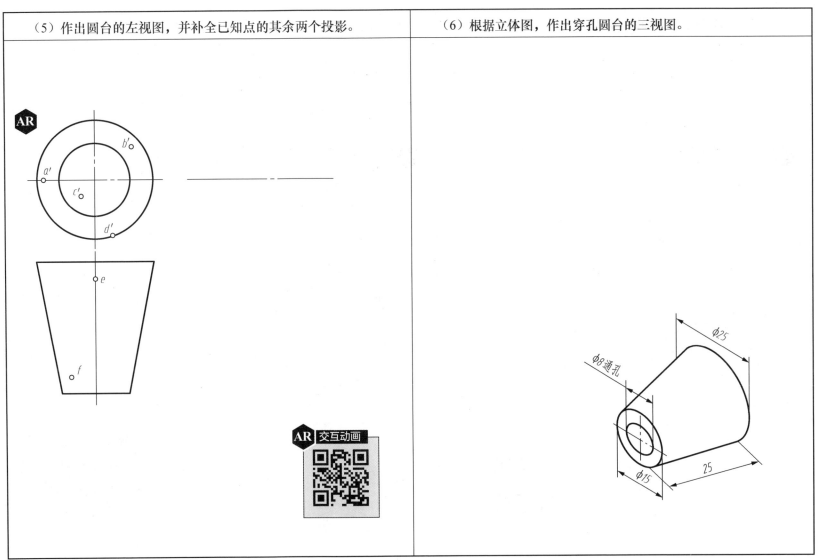

AR

AR 交互动画

φ25

φ8通孔

φ15

25

（7）作出球体的侧面投影，以及球面上点 *A*、*B*、*C* 和线段 *EF* 的其余投影。

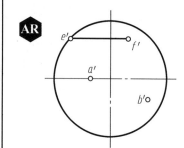

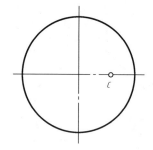

（8）绘制半球表面上线段的其余两个投影。

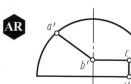

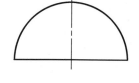

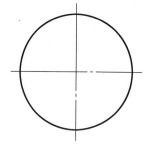

测量图形的实际尺寸，并完成尺寸的标注。

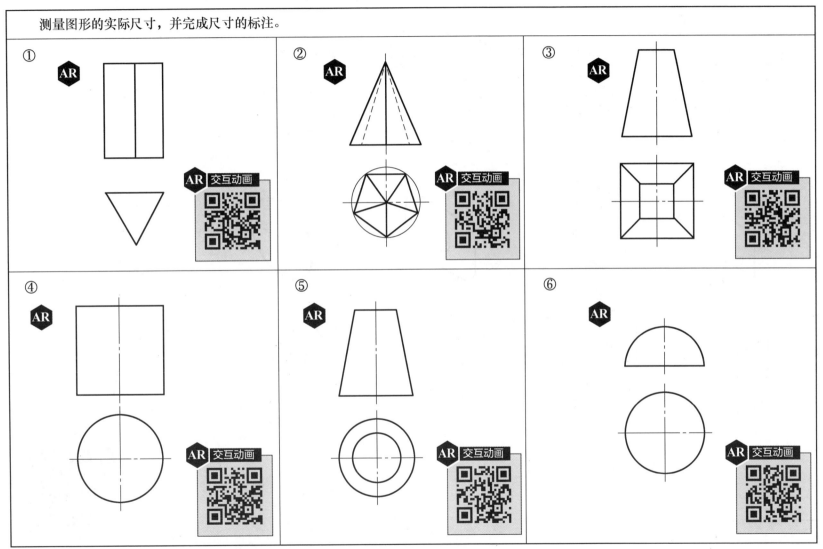

班级　　　　　　姓名　　　　　　学号

项目三 绘制轴测图

3-1 基本体轴测图的画法（一）

根据形体某一表面（上面、前面、左面）的轴测图，按给定的另一轴向尺寸徒手绘制正等轴测图。

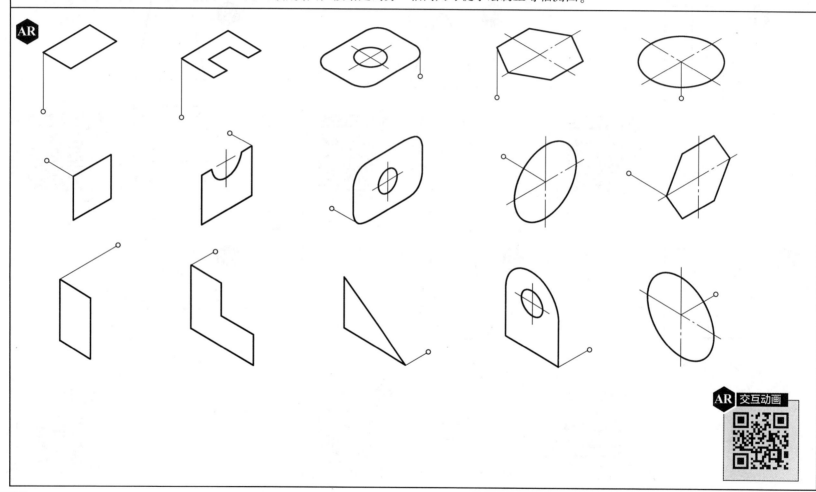

班级　　　　　　姓名　　　　　　学号

（1）根据形体前表面的实形，按给定的宽度方向（45°、−45°）和尺寸徒手绘制斜二轴测图。

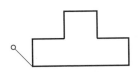
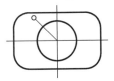
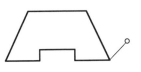
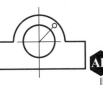

AR 交互动画

（2）绘制下列圆台的正等轴测图。

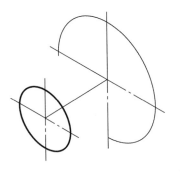
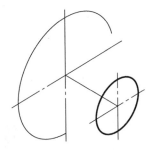

根据视图画正等轴测图（尺寸直接从视图中量取）。

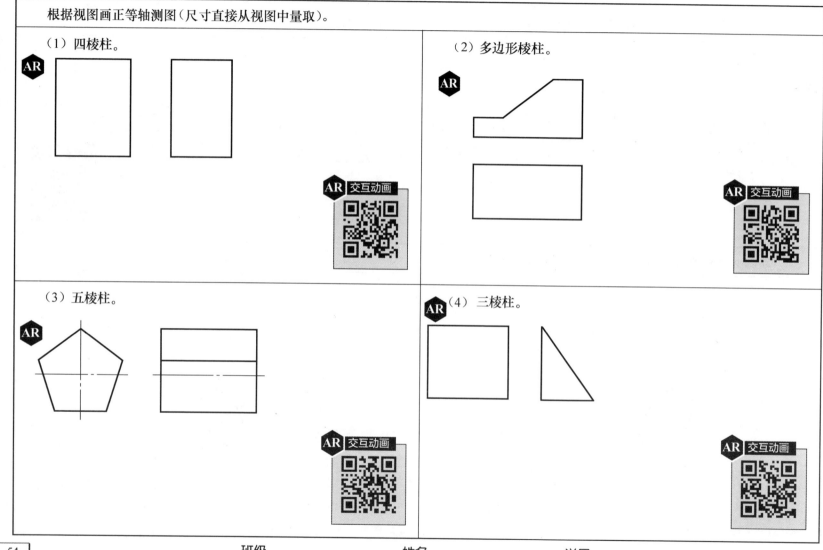

（1）四棱柱。

（2）多边形棱柱。

（3）五棱柱。

（4）三棱柱。

班级　　　　　姓名　　　　　学号

根据视图画正等轴测图（尺寸直接从视图中量取）。

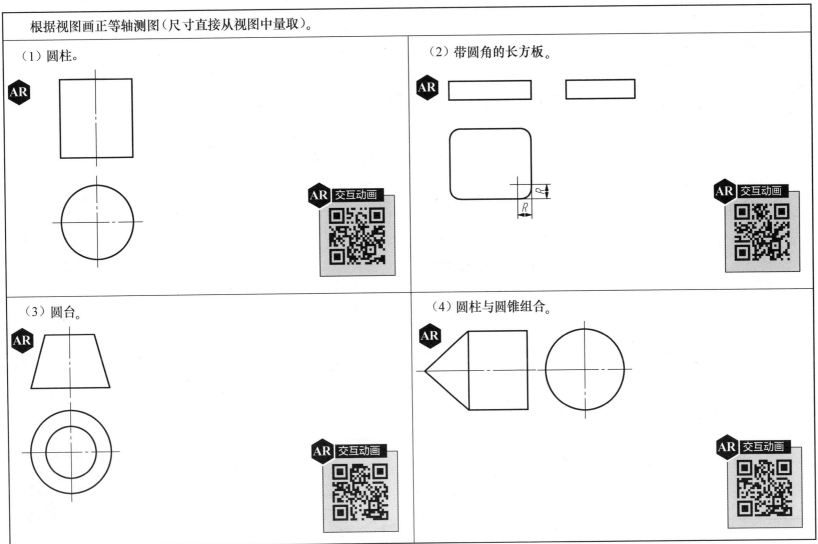

（1）圆柱。

（2）带圆角的长方板。

（3）圆台。

（4）圆柱与圆锥组合。

根据视图画正等轴测图（尺寸直接从视图中量取）。

（1）三棱柱截切。

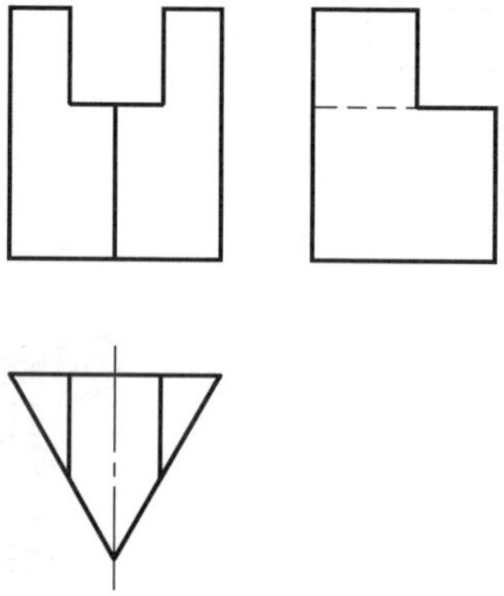

AR

AR 交互动画

（2）三棱柱截切。

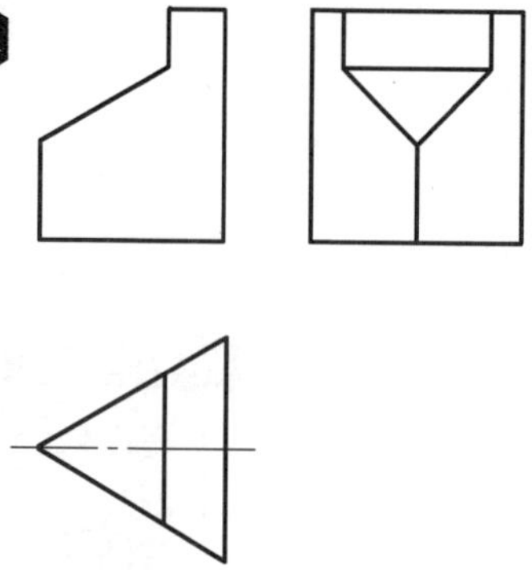

AR

AR 交互动画

（3）四棱柱切槽。

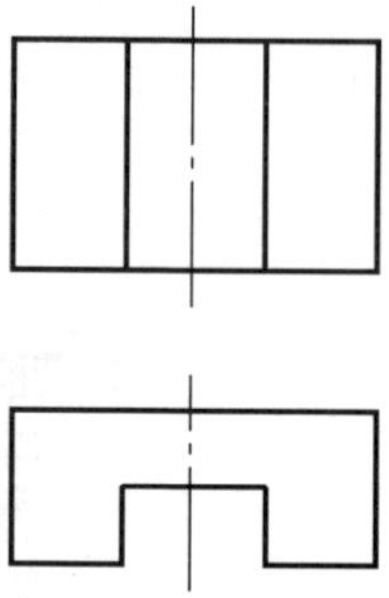

（4）四棱柱切槽、切角。

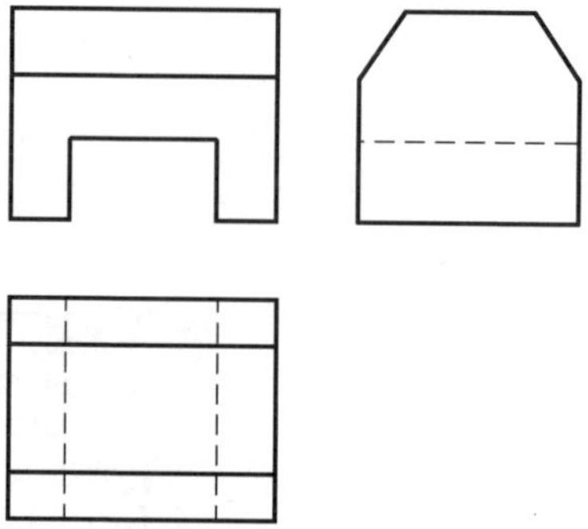

AR

AR 交互动画

班级　　　　姓名　　　　学号

根据视图画正等轴测图（尺寸直接从视图中量取）。

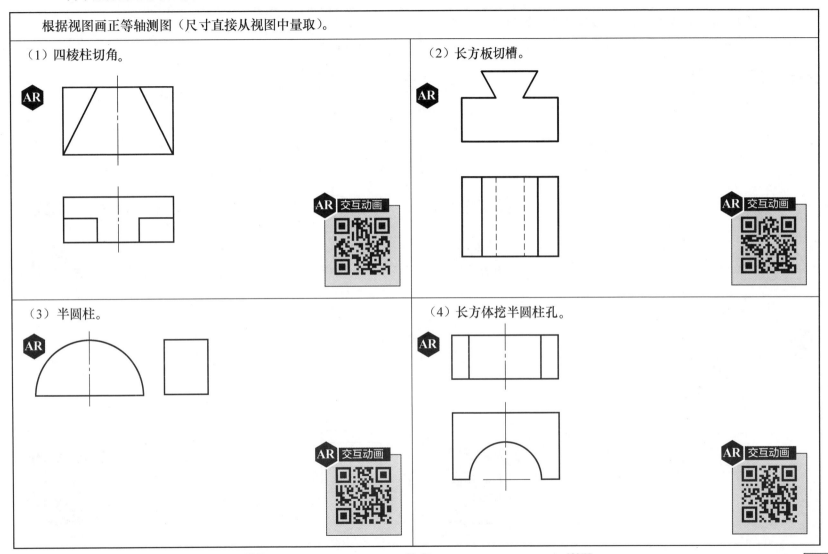

（1）四棱柱切角。

AR

AR 交互动画

（2）长方板切槽。

AR

AR 交互动画

（3）半圆柱。

AR

AR 交互动画

（4）长方体挖半圆柱孔。

AR

AR 交互动画

项目三　绘制轴测图

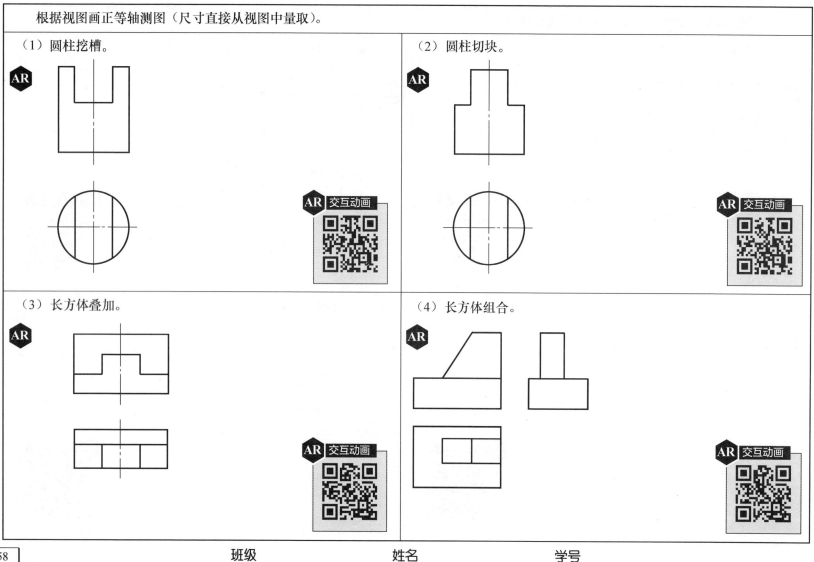

班级　　　　姓名　　　　学号

根据视图画正等轴测图（尺寸直接从视图中量取）。

（1）长方板与挖孔拱形板叠加。

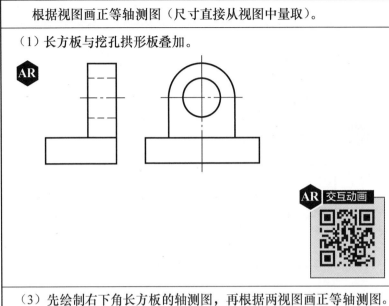

AR

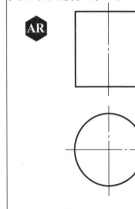

AR 交互动画

（2）圆柱与圆台组合。

AR

AR 交互动画

（3）先绘制右下角长方板的轴测图，再根据两视图画正等轴测图。将其立在四棱柱的正中。

AR 交互动画

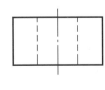

AR

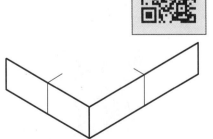

（4）先绘制长方板的轴测图，再根据两视图画圆柱的正等轴测图。将其立在四棱柱的正中。

AR 交互动画

AR

项目三　绘制轴测图

项目四 组合体的三视图

4-1 截交线的投影练习

（1）根据立体图绘制截交线，并补全三视图。

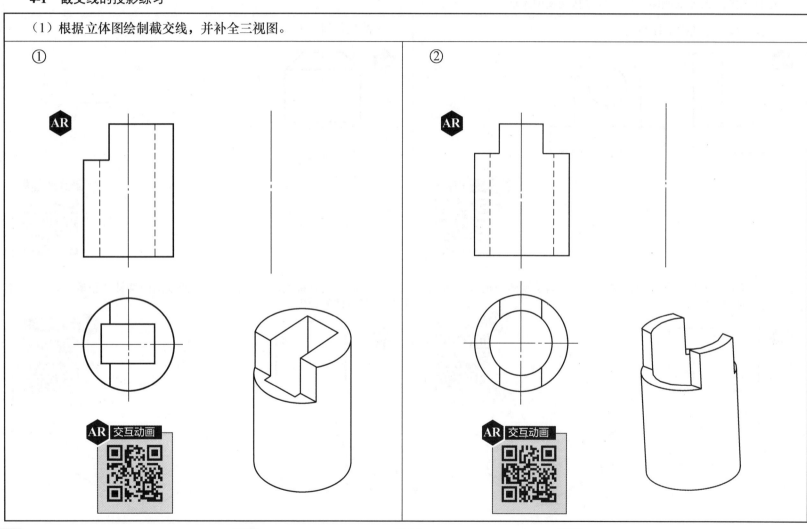

班级　　　　　姓名　　　　　学号

（2）绘制截交线，并补全三视图。

（3）已知四棱柱被截切后的主视图和左视图，作其俯视图。

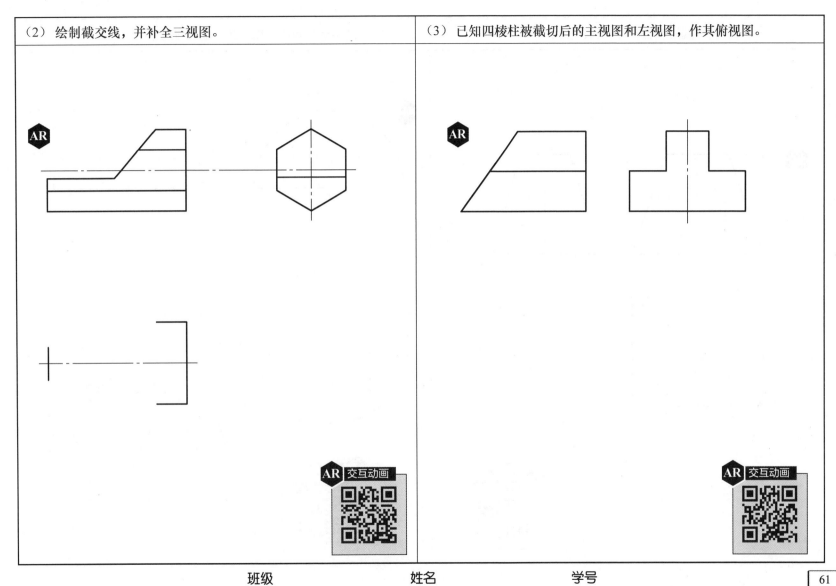

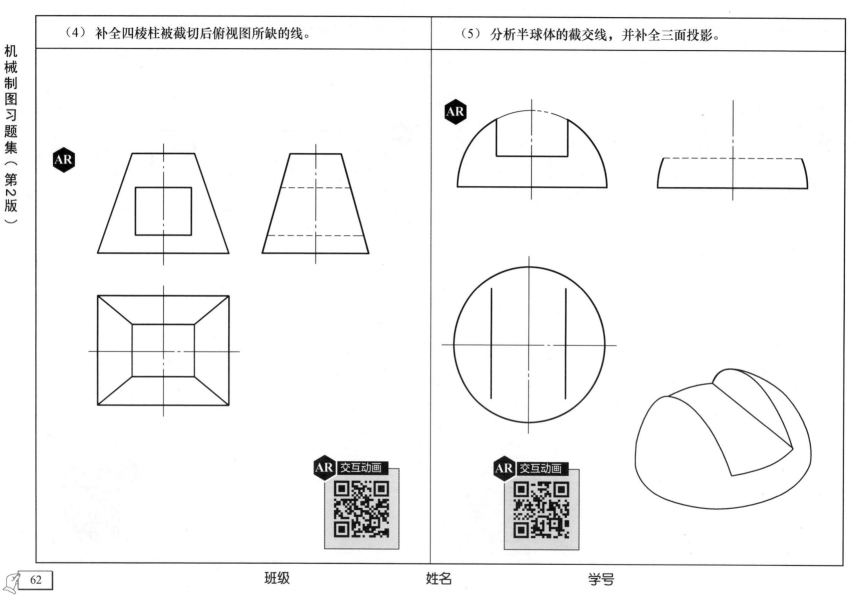

（4）补全四棱柱被截切后俯视图所缺的线。

（5）分析半球体的截交线，并补全三面投影。

班级　　　　　姓名　　　　　学号

4-2 相贯线的投影练习

（1）画出视图中相贯线的投影。

①

②

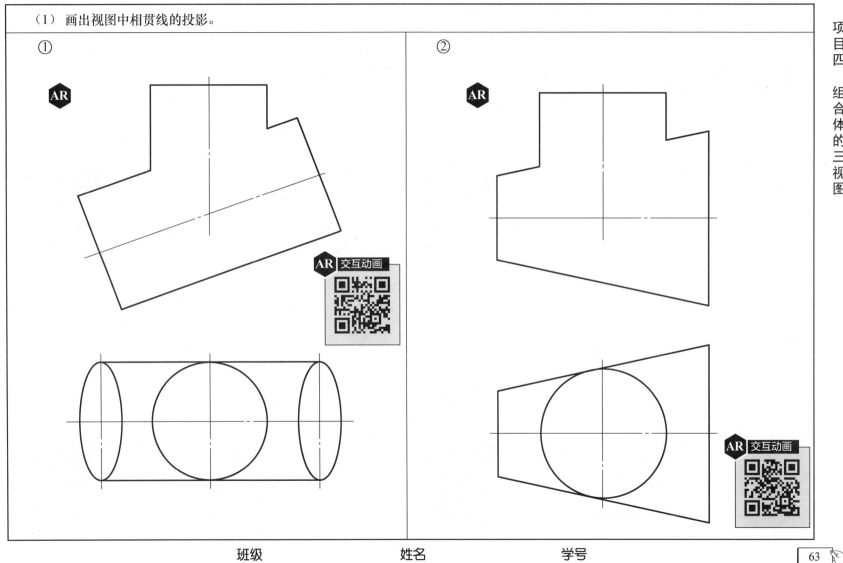

AR 交互动画

（2）补画三视图，并画出相贯线的投影。

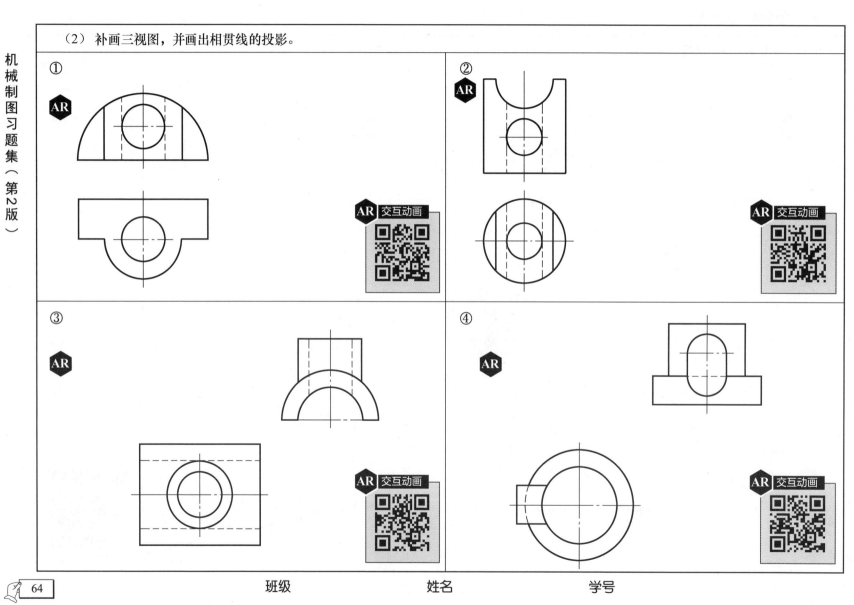

① AR

② AR

③ AR

④ AR

班级　　　　　　姓名　　　　　　学号

（1）参照轴测图，补画下列组合体三视图中所缺的线。

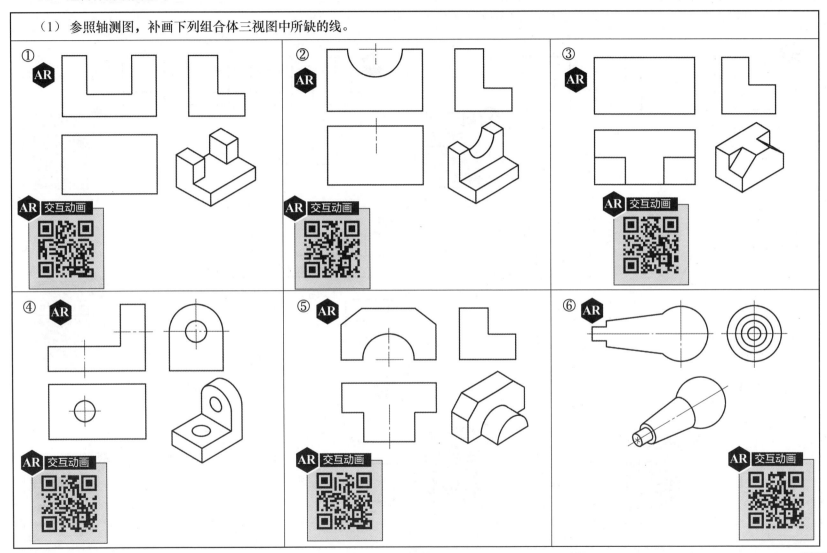

项目四　组合体的三视图

（2）已知组合体的两个视图，请找出相应的第三视图（在正确的第三视图编号处打"√"）。

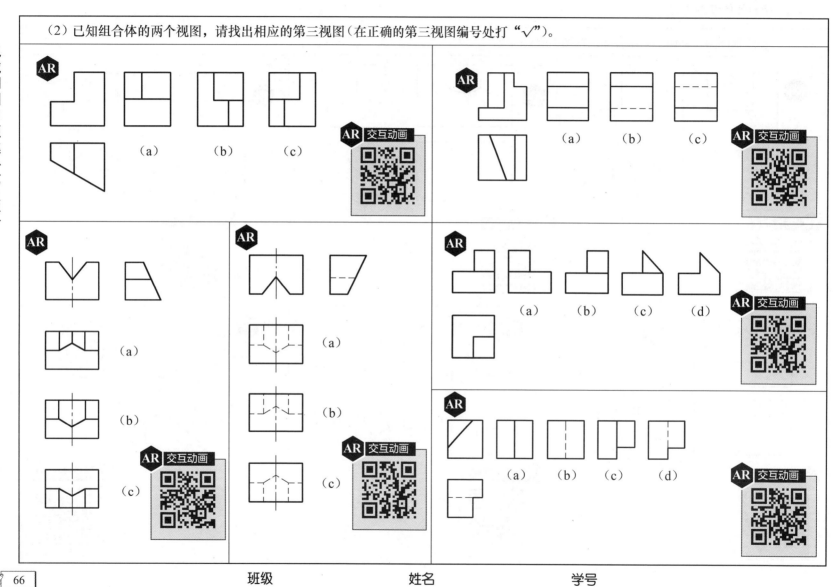

（a）　　　（b）　　　（c）

（a）　　　（b）　　　（c）

（a）

（b）

（c）

（a）

（b）

（c）

（a）　　　（b）　　　（c）　　　（d）

（a）　　　（b）　　　（c）　　　（d）

AR 交互动画

（3）根据所给立体图，补全组合体三视图中所缺的线。

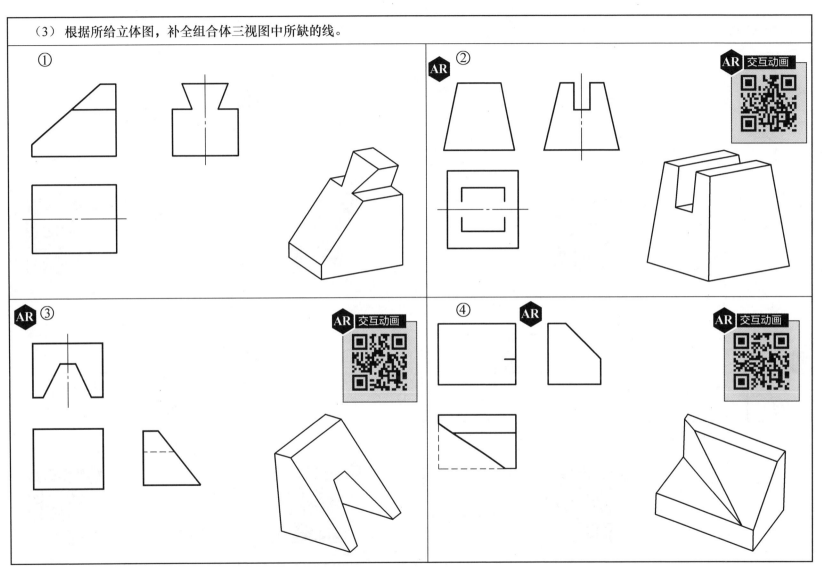

（4）根据已知条件，补画三视图中所缺的线或第三视图。

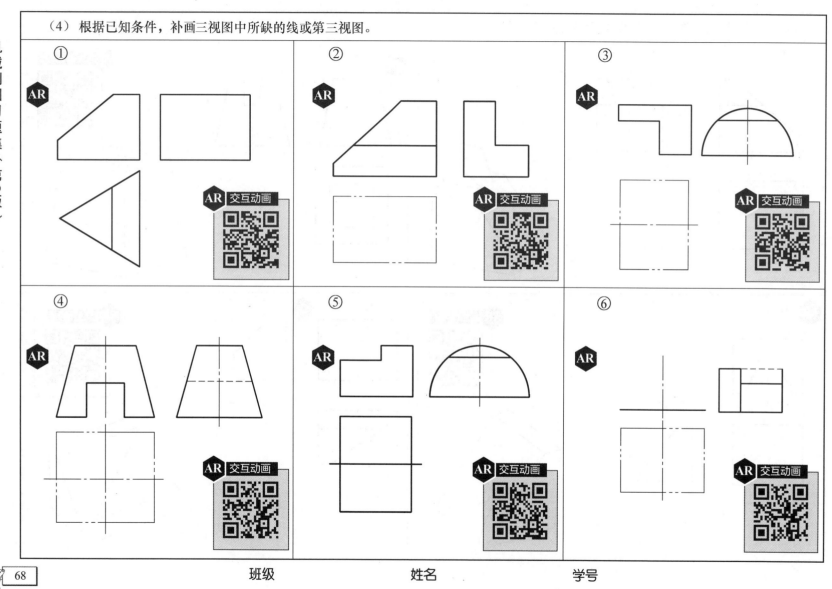

班级　　　　姓名　　　　学号

（5）对照立体图，补画三视图中所缺的线，并改正错误的图线。

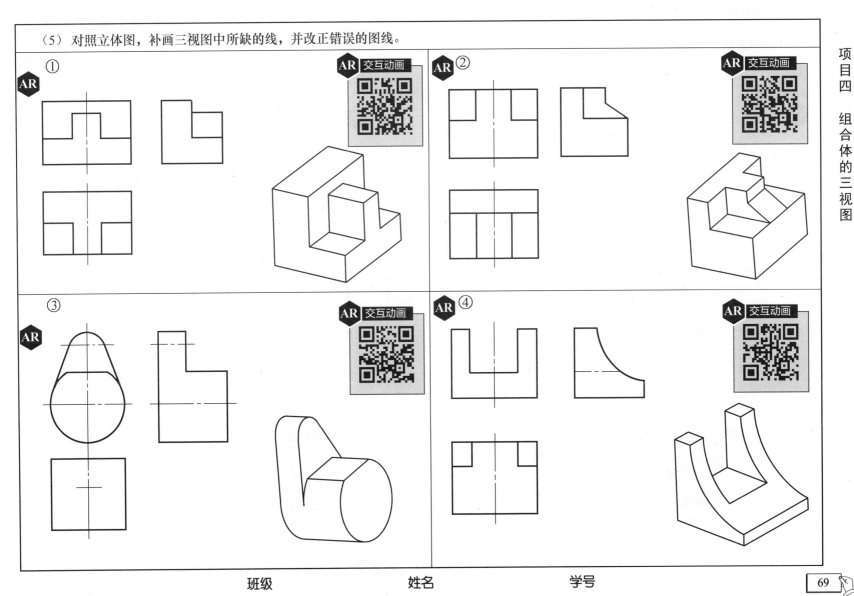

（1）根据组合体的立体图，补全三视图。

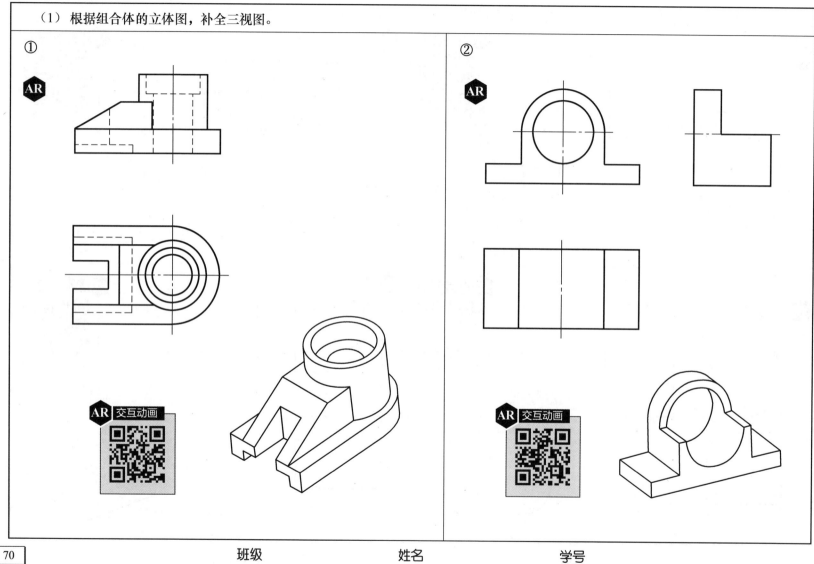

① AR

② AR

班级　　　　　姓名　　　　　学号

机械制图习题集（第2版）

（2）根据立体图，绘制组合体的三视图。

①

②

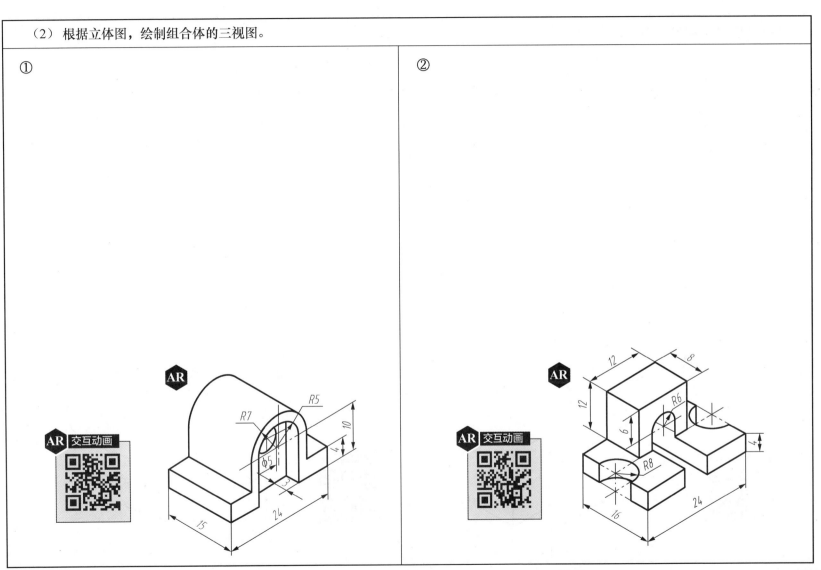

（3）根据已知立体图，绘制组合体的三视图。

①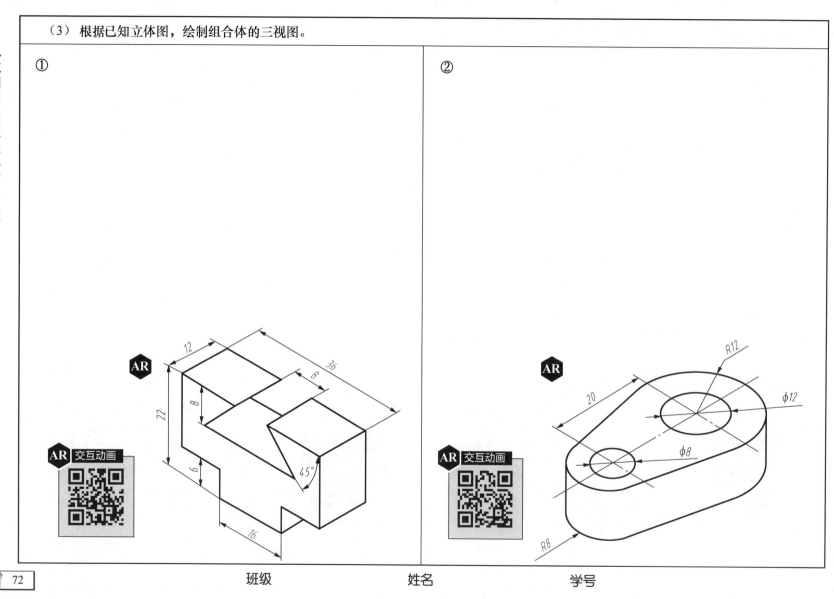

②

班级　　　　　　　　姓名　　　　　　　　学号

（1）标注下列各组合体的尺寸（按 1:1 的比例测量并取整）。

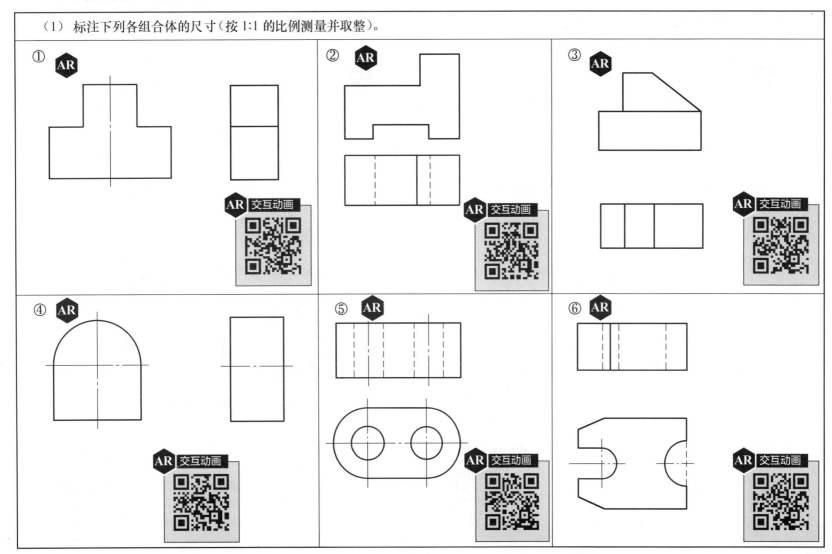

班级　　　　　　姓名　　　　　　学号

（2）标注下列各组合体的尺寸（按 1:1 的比例测量并取整）。

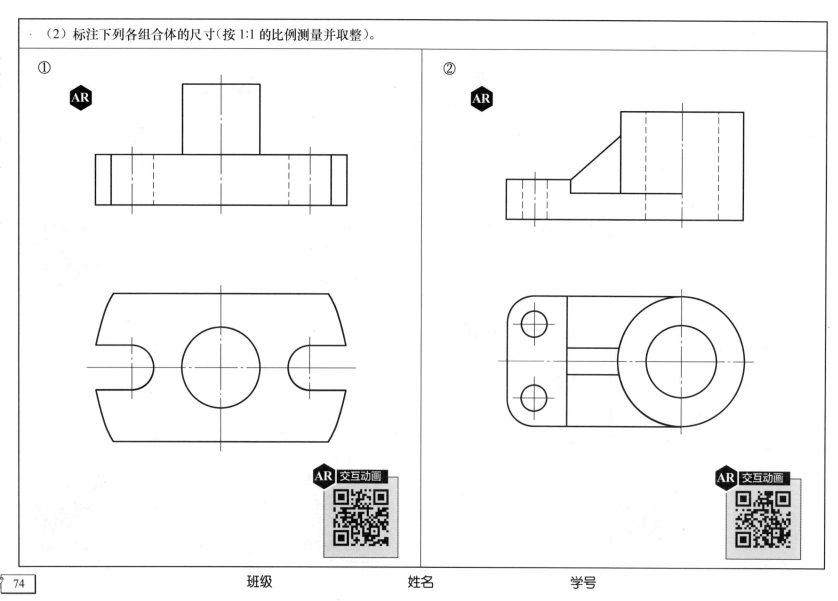

班级　　　　　　姓名　　　　　　学号

（1）已知组合体的两个视图，作第三视图，并绘制组合体的轴测图。

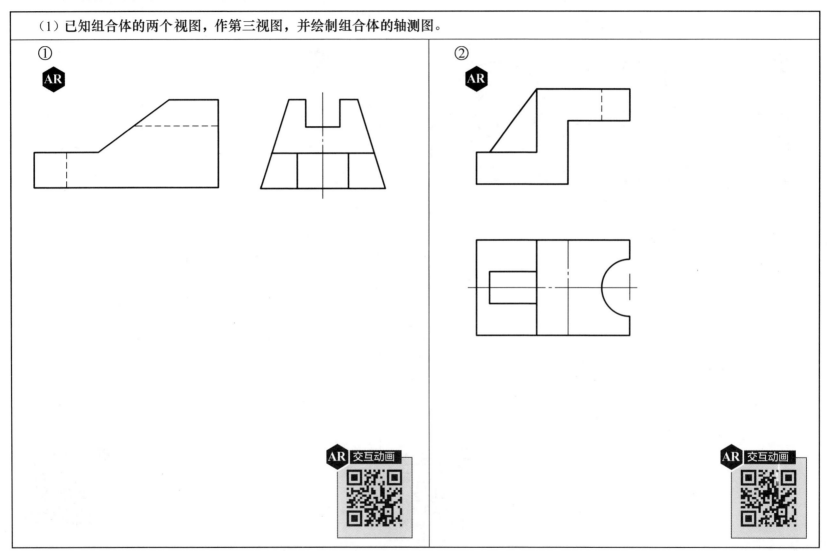

① **AR**

② **AR**

AR 交互动画

AR 交互动画

班级　　　　　　姓名　　　　　　学号

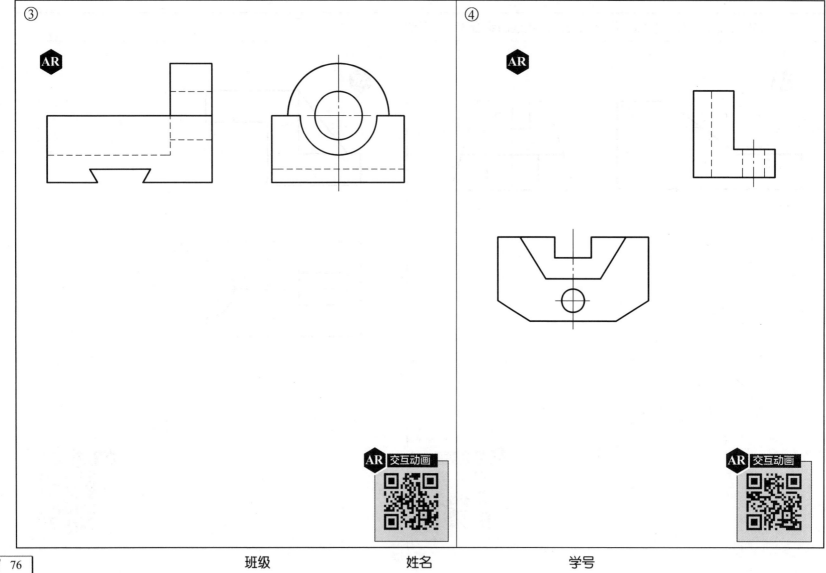

③

④

班级　　　　　　姓名　　　　　　学号

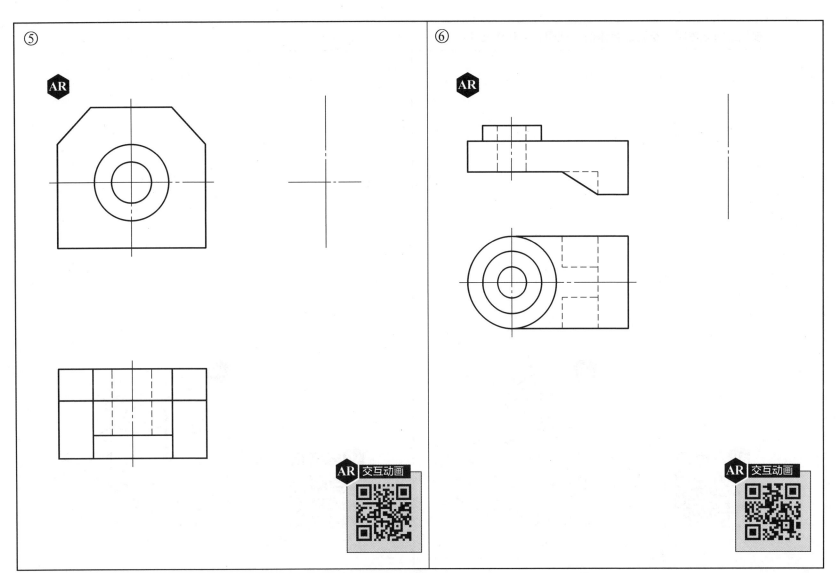

⑤

⑥

AR

AR

AR 交互动画

AR 交互动画

班级　　　　　姓名　　　　　学号

（2）根据已知立体图，绘制组合体的三视图，并标注尺寸。

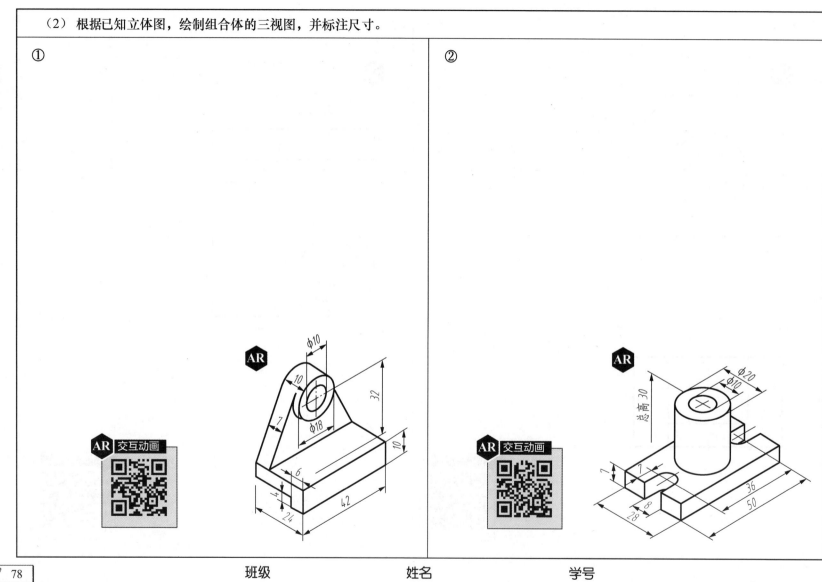

① ②

（3）根据立体图，绘制组合体的三视图，并标注尺寸。

①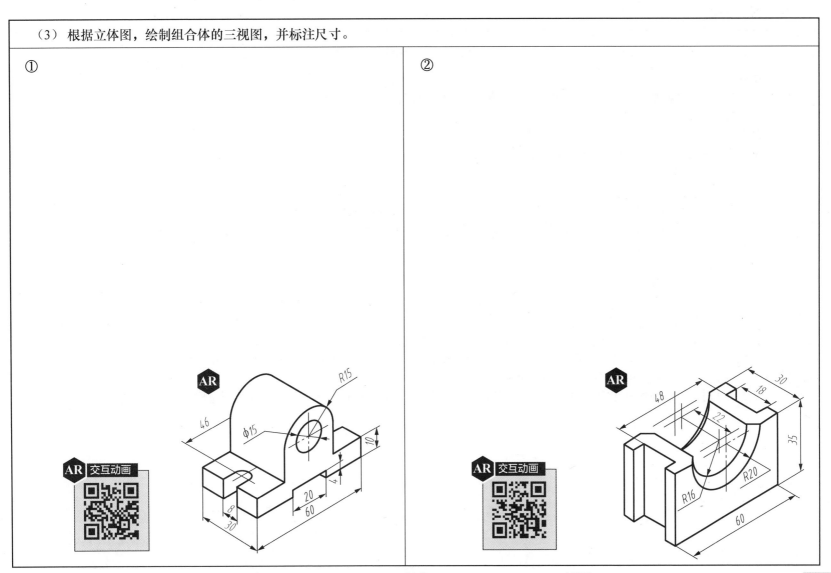

②

班级　　　　　　　姓名　　　　　　　学号

组合体三视图作业指导书

一、作业目的

（1）掌握根据组合体模型图（或立体图）画三视图的方法，培养绘图技能。

（2）熟悉组合体视图的尺寸注法。

二、内容和要求

（1）根据组合体模型图（或立体图）画三视图，并标注尺寸。

（2）采用 A3 或 A4 图纸，自定绘图比例。

三、作图步骤

（1）运用形体分析法识别组合体的组成部分以及各组成部分之间的相对位置和组合关系。

（2）选取主视图的投影方向。所选的主视图应能明显地表达组合体的形状特征。

（3）画底稿，底稿线要细而轻。

（4）检查底稿，修正错误，擦掉多余图线。

（5）依次描深图线，标注尺寸，填写标题栏。

四、注意事项

（1）图形布置要匀称，留出标注尺寸的空间。先依据图纸幅面、绘图比例和组合体的总体尺寸大致布图，再画出作图基准线（如组合体的底面、顶面或端面的投影线、对称线和中心线等），确定 3 个视图的具体位置。

（2）正确地运用形体分析法。要按组合体的组成，一部分一部分地画。每一部分都应按其长、宽、高在 3 个视图上同步画底稿，以提高绘图速度。不要先画出一个完整的视图，再画另一个视图。

（3）标注尺寸时，不能照搬立体图上的尺寸注法，应按标注 3 类尺寸的要求进行。所标注的尺寸必须完整、清晰、布置合理。

班级　　　　　　　　姓名　　　　　　　　学号

①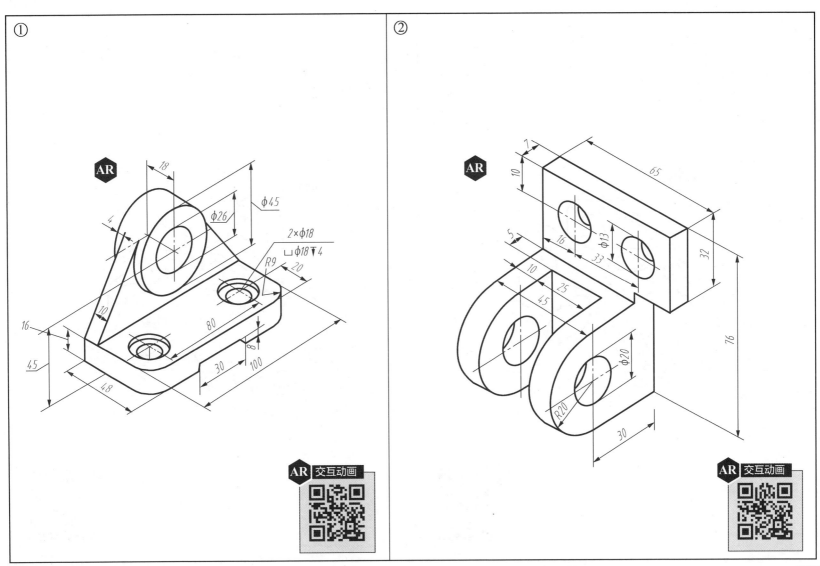

②

班级　　　　　　姓名　　　　　　学号

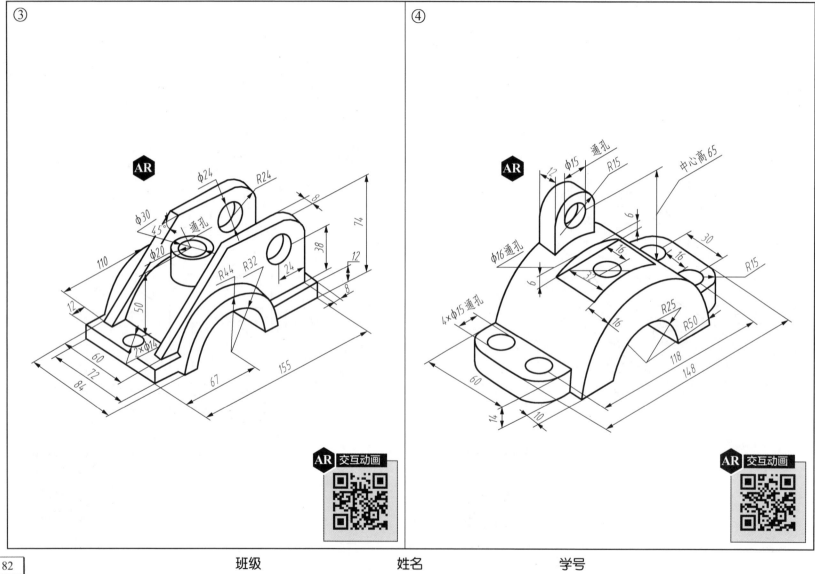

班级　　　　　　姓名　　　　　　学号

项目五 图样的画法

5-1 视图

（1）根据下列主视图、俯视图、左视图、立体图，绘制出右视图、后视图、仰视图。

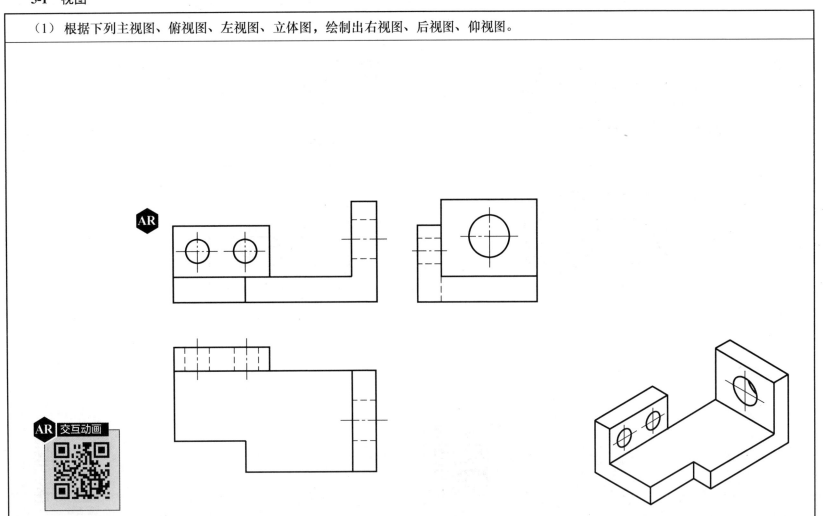

班级   姓名   学号

（2）根据主视图、俯视图，画出 A 向局部视图和 B 向斜视图。

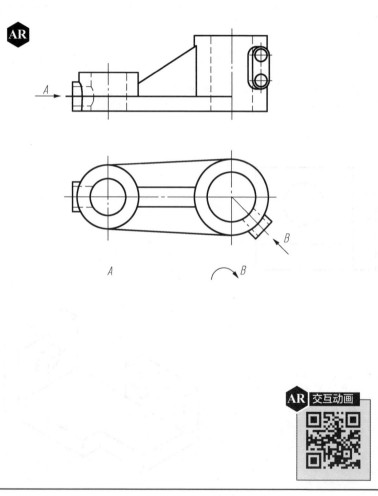

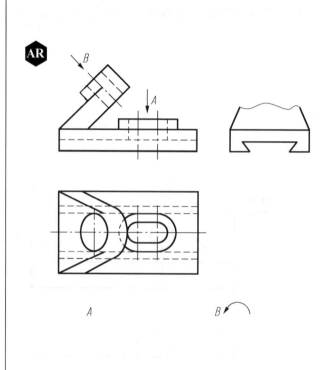

班级   姓名   学号

（1）根据立体图，将主视图画成全剖视图。

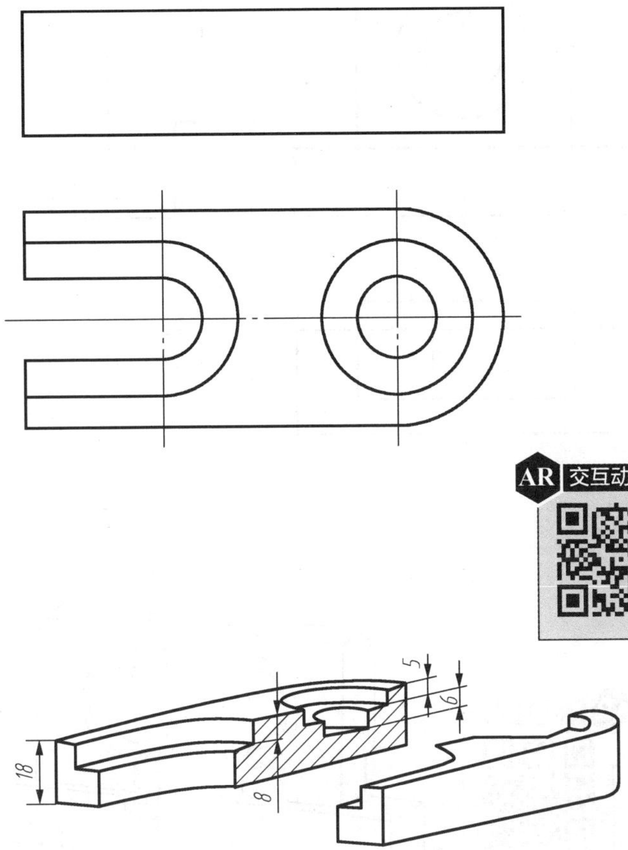

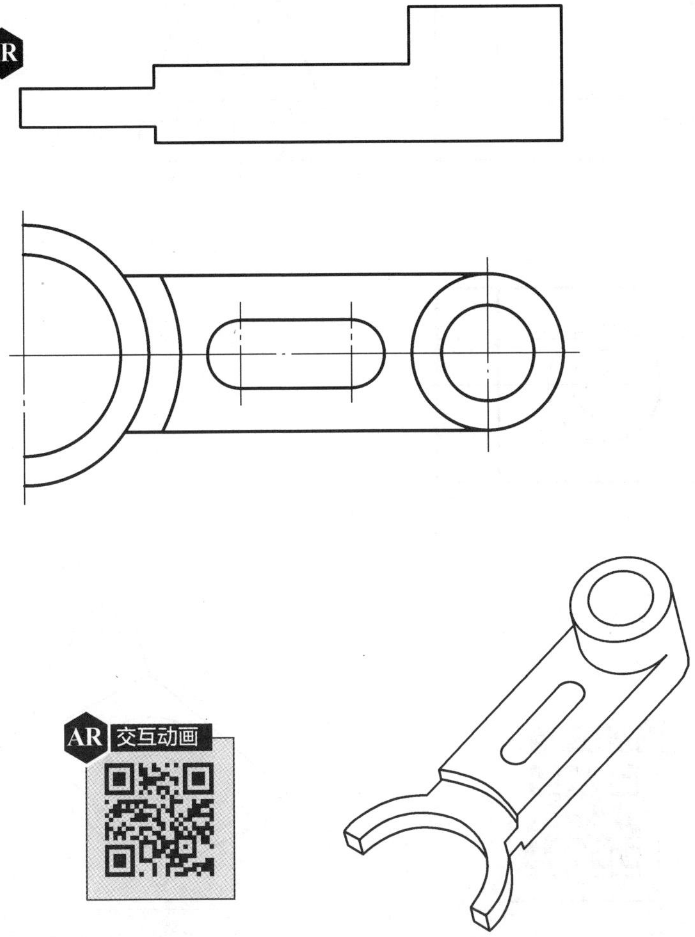

AR

AR

AR 交互动画

5
6
18
8

AR 交互动画

班级　　　　　　　姓名　　　　　　　学号

（2）根据立体图，将左视图画成全剖视图。

AR

AR 交互动画

AR

AR 交互动画

（3）将主视图画成全剖视图，并标注尺寸。

（4）将主视图画成全剖视图。

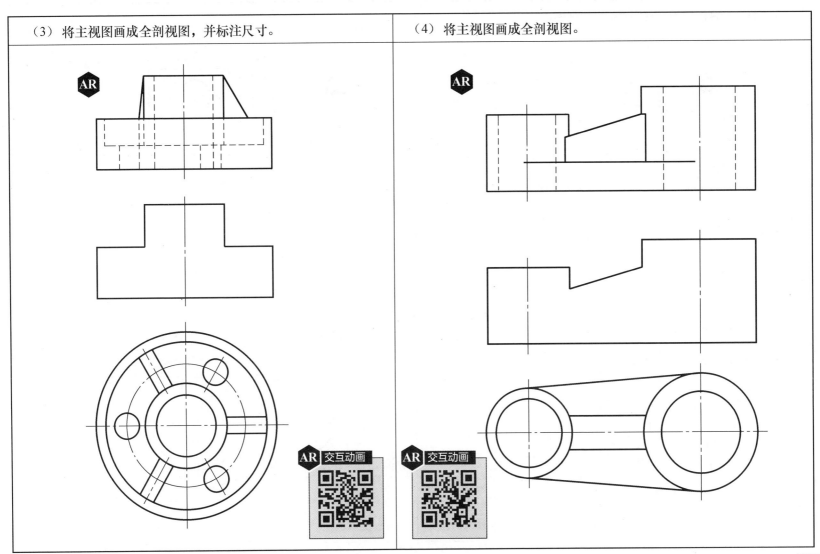

班级　　　　　　　姓名　　　　　　　学号

（5）将下列视图中的主视图画成半剖视图。

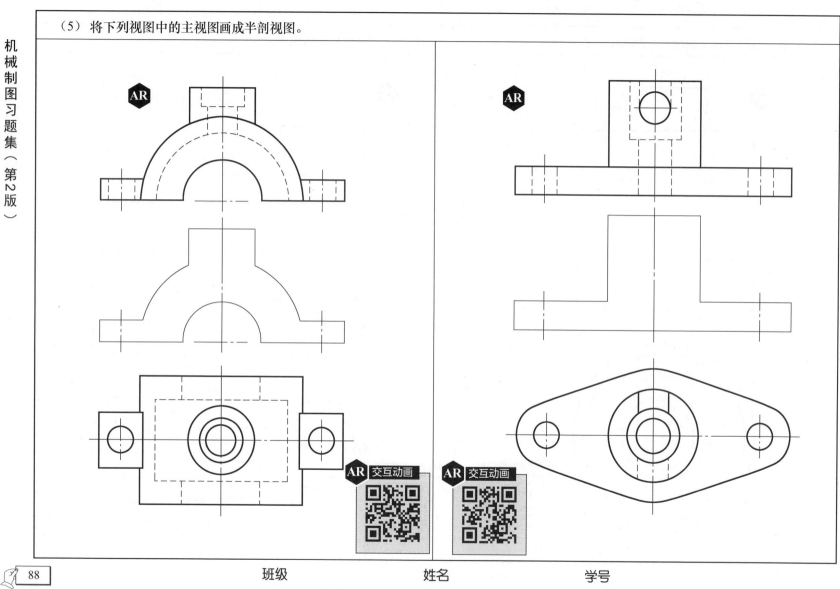

班级　　　　　　　　姓名　　　　　　　　学号

（6）对照立体图，将主视图画成全剖视图，将左视图、俯视图画成半剖视图。

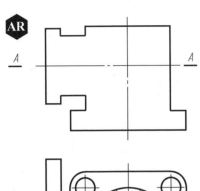

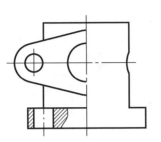

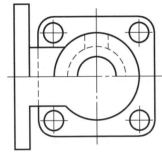

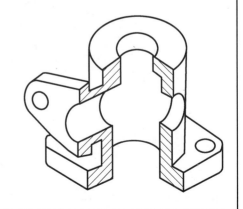

AR 交互动画

班级　　　　　　姓名　　　　　　学号

（7）在指定位置将主视图画成全剖视图。

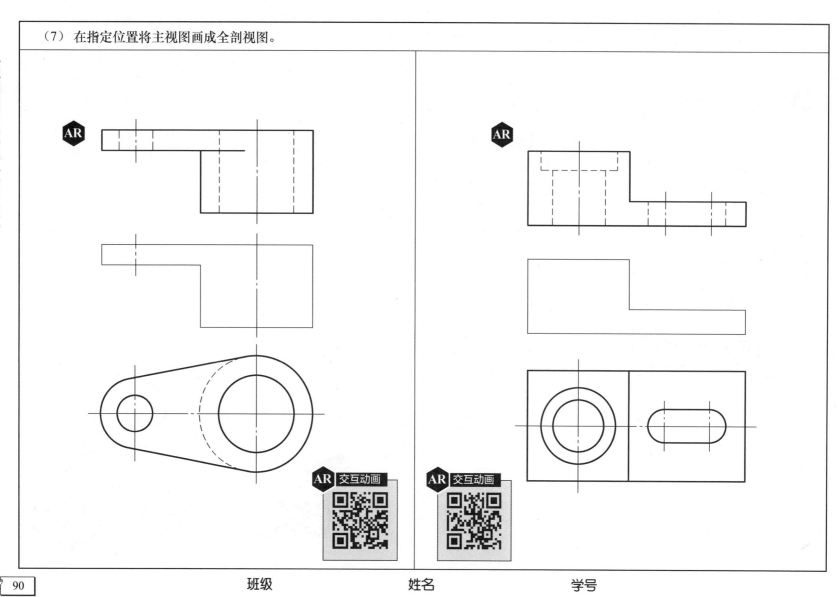

班级　　　　　　　姓名　　　　　　　学号

（8）在指定位置将主视图、俯视图画成局部剖视图。

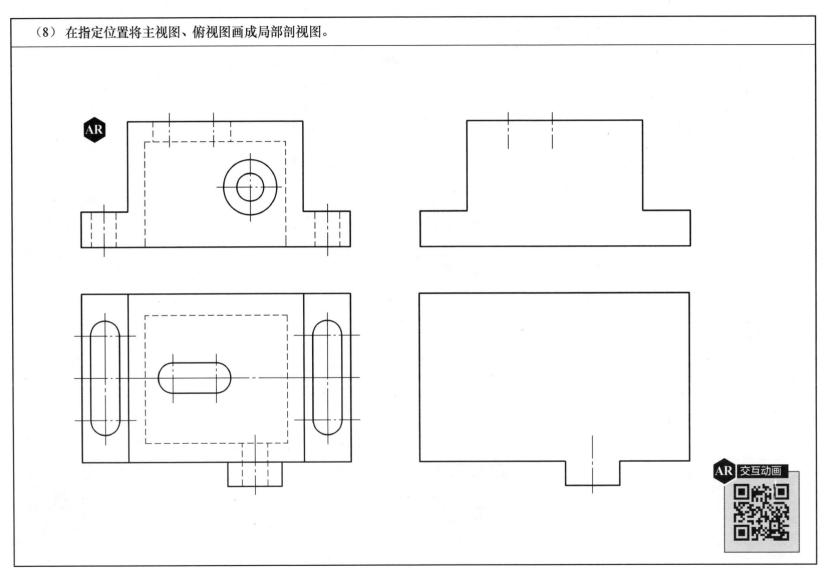

班级　　　　　　姓名　　　　　　学号

（9）指出下列局部剖视图中的错误，并画出正确的局部剖视图。

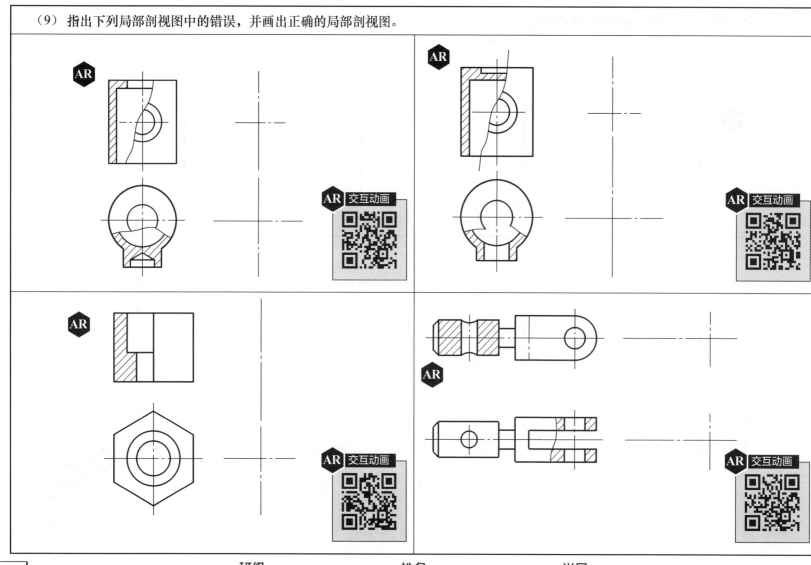

班级　　　　　　　　姓名　　　　　　　　学号

（10）补全剖视图中所缺的线条。

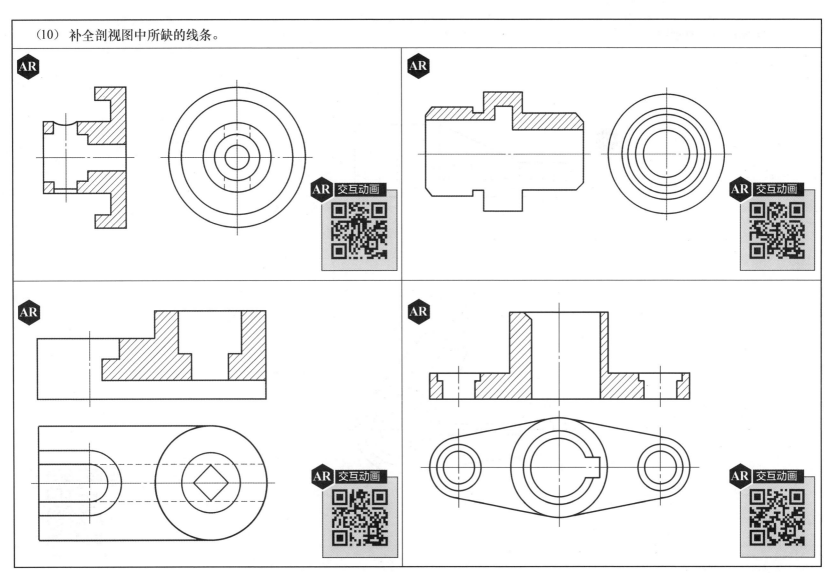

班级　　　　　　　　姓名　　　　　　　　学号

（11）绘制 $A—A$ 斜剖视图。

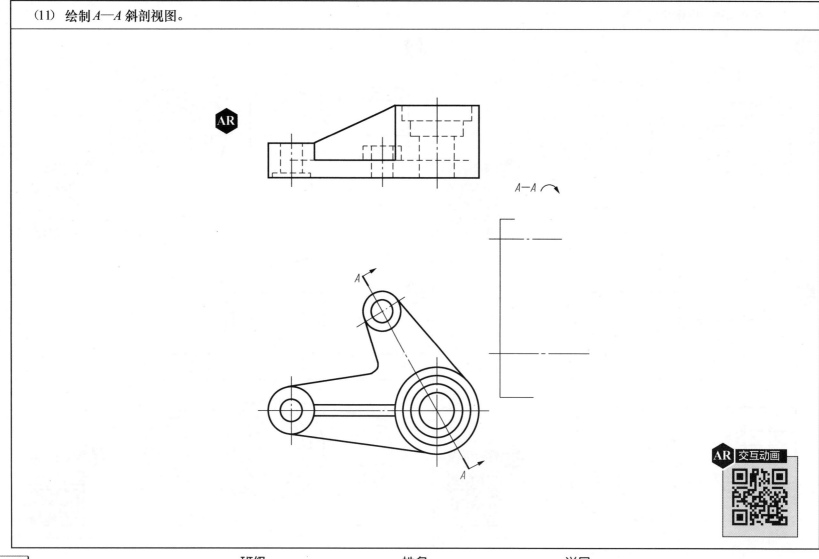

班级　　　　　　姓名　　　　　　学号

（12）将下列主视图绘制成旋转剖视图。

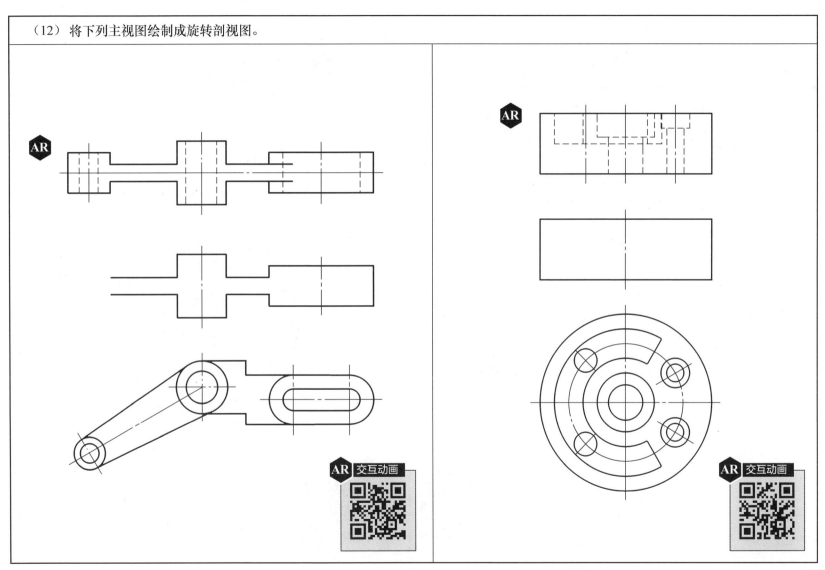

班级　　　　　　　姓名　　　　　　　学号

（13）绘制 A—A 旋转剖视图。

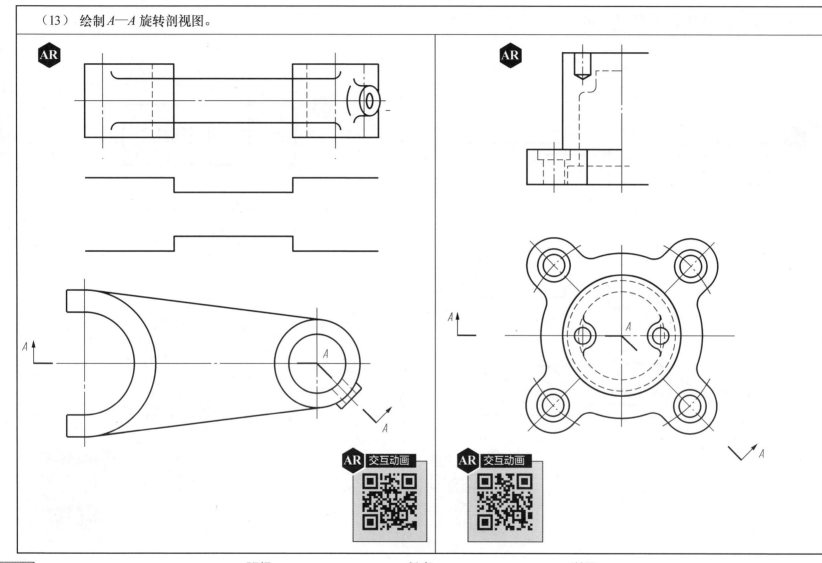

AR 交互动画

AR 交互动画

班级　　　　　姓名　　　　　学号

（14）将下列主视图绘制成阶梯剖视图。

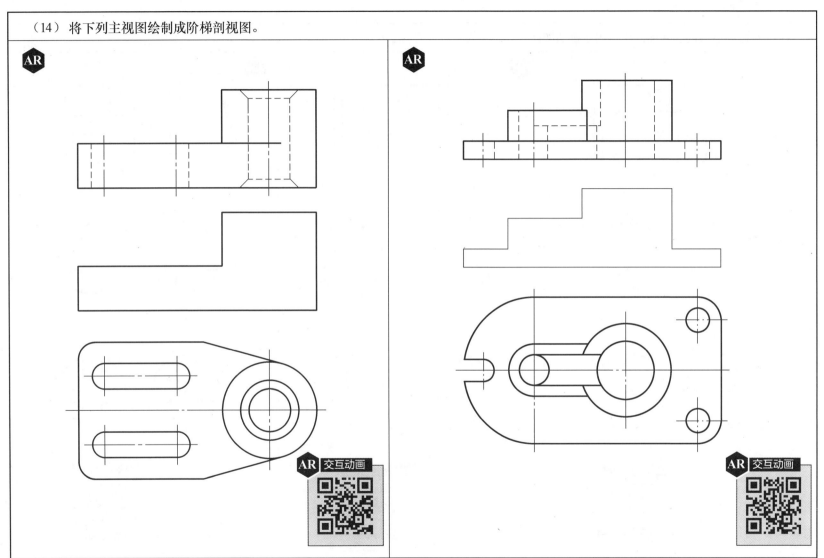

班级　　　　姓名　　　　学号

（1）在视图下方的各断面图中选出正确的断面（在正确的断面下的括号内画"√"）。

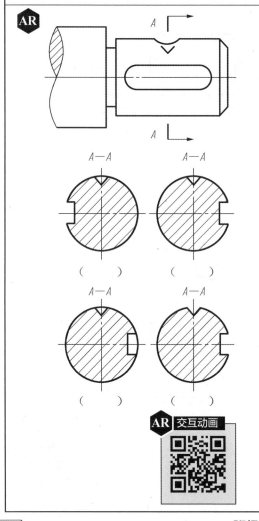

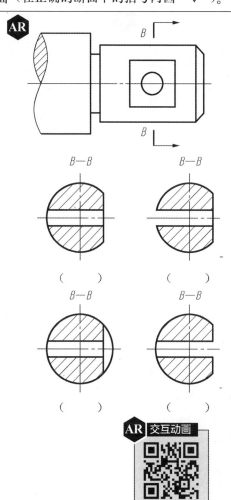

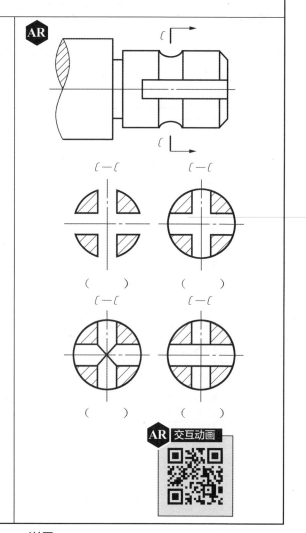

班级　　　　　　　姓名　　　　　　　学号

（2）在下列指定位置绘制相应的断面图。

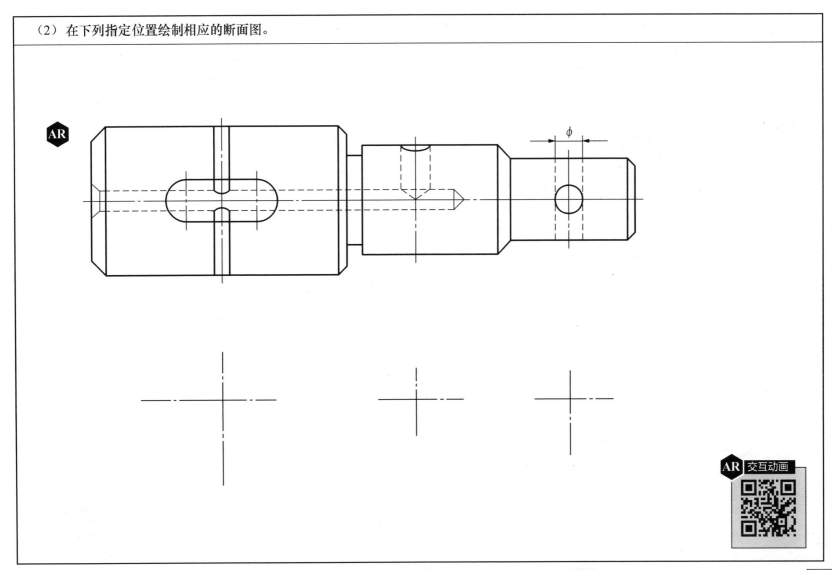

用简化画法重新绘制下面的立体图形。

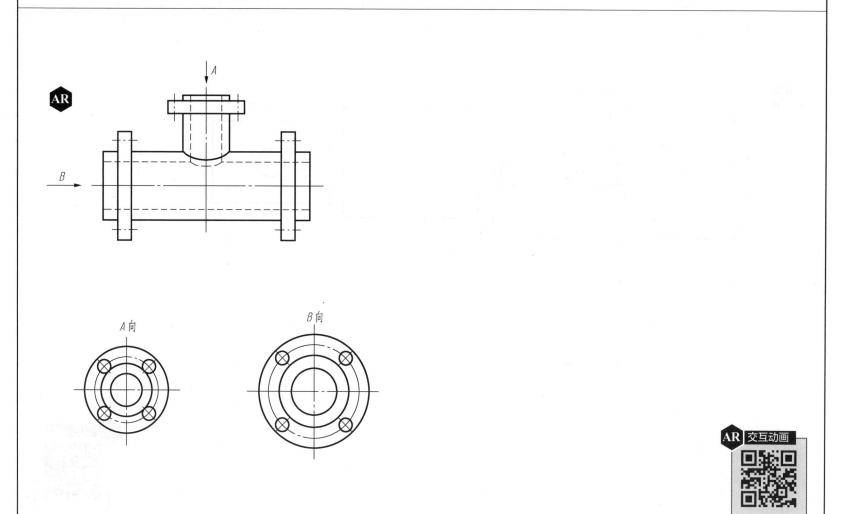

班级　　　　　　姓名　　　　　　学号

（1）将主视图画成 *A—A* 半剖视图，将左视图画成全剖视图，并标注尺寸。

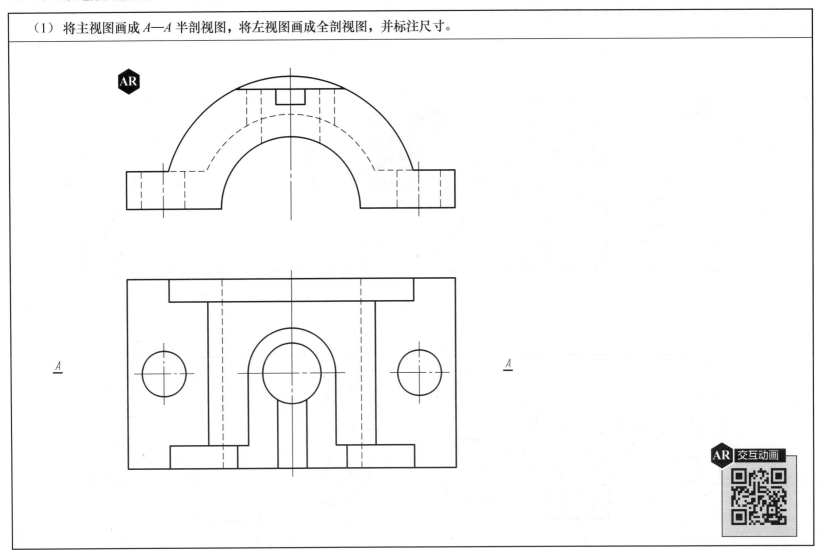

AR 交互动画

班级　　　　姓名　　　　学号

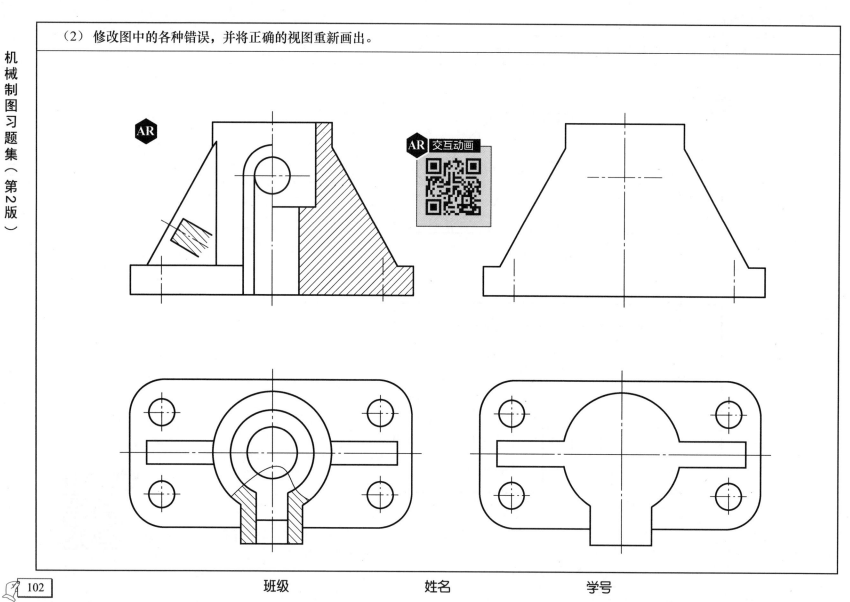

AR

AR 交互动画

班级　　　　　　　姓名　　　　　　　学号

零件表达方法练习作业指导书

一、作业目的

（1）综合选用视图、剖视图、断面图等各种表达方法来表达机件。

（2）进一步练习较复杂形体的尺寸标注。

二、内容与要求

（1）根据机件的立体图或给定模型图选择合适的表达方法，将机件表达清楚，运用形体分析法标注尺寸。

（2）采用 A3 图纸，比例自定。

三、注意事项

（1）视图、剖视图、断面图等选用适当且简明、清晰。

（2）图形准确，符合投影关系，各种画法正确。

（3）尺寸标注完整、清晰、合理。

（4）首先考虑主视图，然后考虑是否需要俯视图、左视图，最后考虑需要增添哪些基本视图和辅助视图。选择某个视图的剖视图时，应将各个视图配合起来整体考虑。

（5）选择视图和标注尺寸时，一定要运用形体分析法，以保证各部分形状表达清楚和尺寸标注完整。

四、图例（见右图）

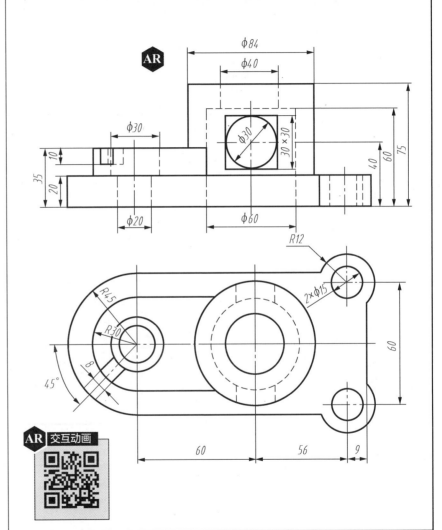

班级　　　　　　　　姓名　　　　　　　　学号

（1）根据所给视图，在 A3 图纸上画出机件所需的剖视图、断面图和其他视图，并标注尺寸。

AR

φ52

12

10

φ40 φ20

10

190

120

110

10

20

4×φ10
⊔φ16▼6

32

4×φ10

R40

φ32

φ40

40

R10

32

R30

R30

φ92

φ72

60

R60

140

AR 交互动画

班级　　　　　姓名　　　　　学号

机械制图习题集（第2版）

（2）根据所给视图，在 A3 图纸上画出机件所需的剖视图、断面图和其他视图，并标注尺寸。

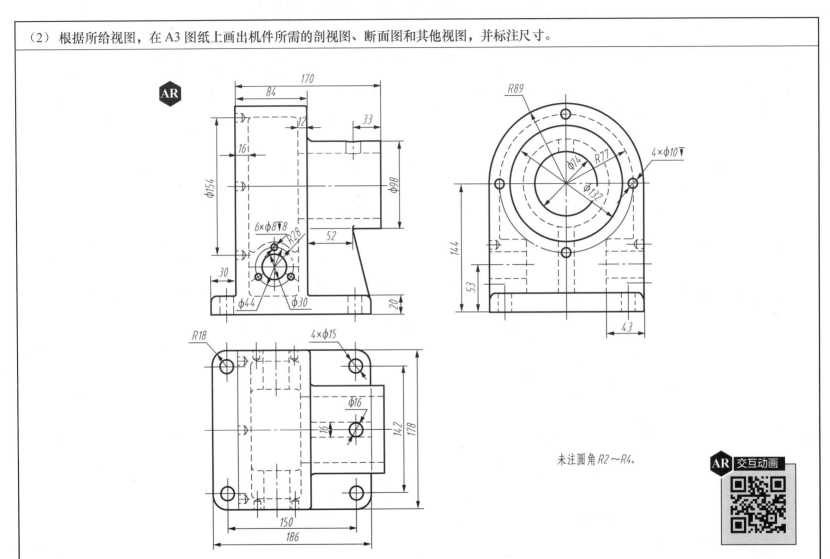

未注圆角 R2～R4。

班级　　　　　姓名　　　　　学号

项目六　标准件和常用件

6-1　螺纹

（1）绘制一个盲孔，孔径为18mm，孔深为20mm。

（2）已知下图，绘制M15mm内外螺纹旋合，内螺纹为通孔，外螺纹长度为24mm。

（3）绘制一个M20mm的螺纹孔，螺纹深度为15mm，钻孔深度为20mm。

（4）已知下图，绘制M15mm内外螺纹旋合，内螺纹为通孔，外螺纹长度为24mm。

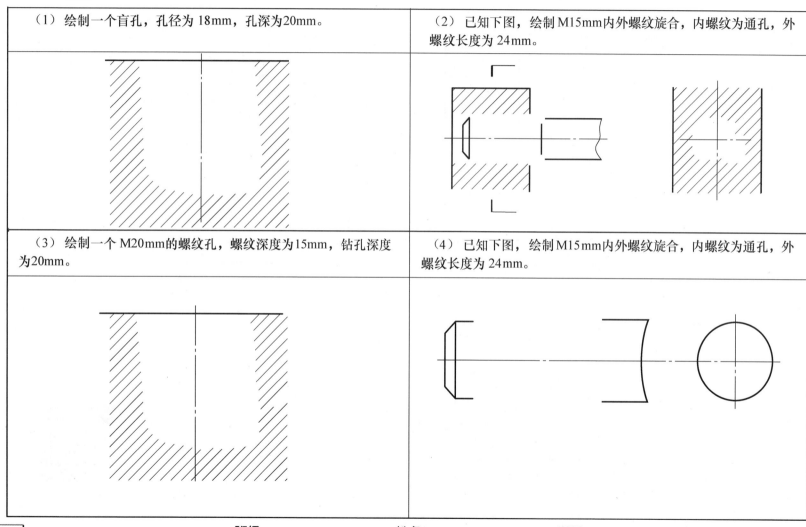

班级　　　　　　姓名　　　　　　学号

（5）指出下列螺纹画法中的错误，并在指定位置加以改正。

①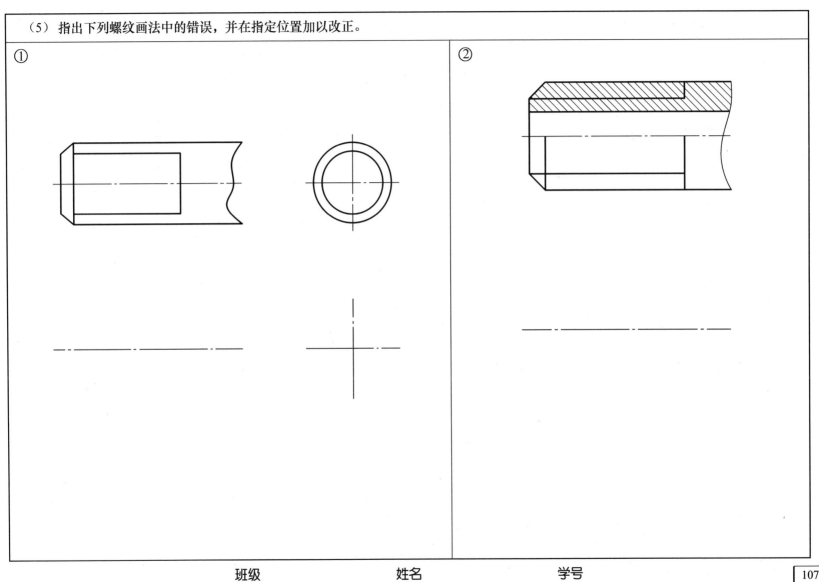

②

班级　　　　　姓名　　　　　学号

（6）根据螺纹标记，填写下表。

螺纹标记	螺纹种类	内、外螺纹	公称直径	导程	螺距	线数	公差带代号	旋合长度	旋向
M20–7H									
M16×1–5g6g–L–LH									
Tr24×5LH									
Tr40×14(P7)–7e									
G3/4									
G1/2A–LH									

（7）在下图中标注普通螺纹，公称直径为20mm，螺距为2mm，中径、大径公差带代号为5g6g，右旋。	（8）在下图中标注普通螺纹，公称直径为20mm，螺距为2mm，中径、大径公差带代号为7H，左旋。	（9）在下图中标注非螺纹密封的圆柱管螺纹，尺寸代号为1，公差等级为A级，右旋。
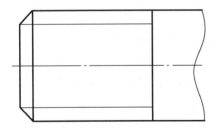	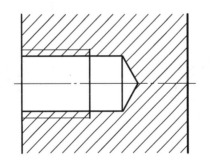	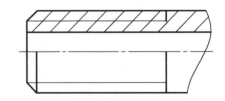

机械制图习题集（第2版）

（1） 查表确定下列各紧固件的尺寸，并填写规定的标记。

① 六角头螺栓，A 级。

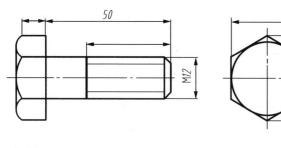

标记：

② 1 型六角头螺母，B 级。

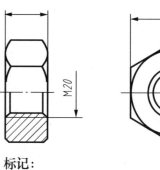

标记：

③ 倒角型平垫圈，公称尺寸 12，A 级，性能等级 A140。

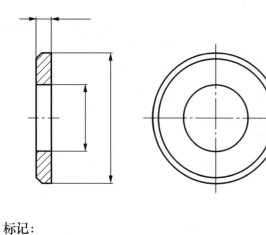

标记：

④ 双头螺柱（GB 897—1988），B 级。

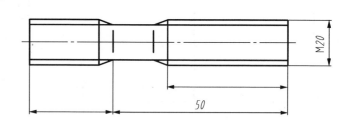

标记：

班级　　　　姓名　　　　学号

（2）指出下列螺栓连接画法中的错误，并在指定位置画出正确的螺栓连接图。

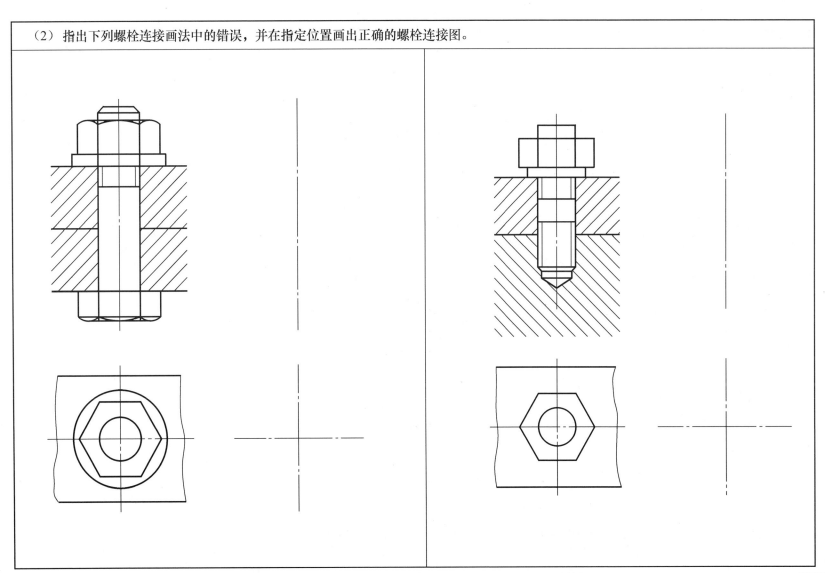

（1）已知直齿圆柱齿轮的齿数 z=25，模数 m=4，计算该齿轮的分度圆直径、齿顶圆直径、齿根圆直径，并补全下图（比例为 1:1）。

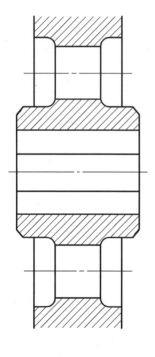

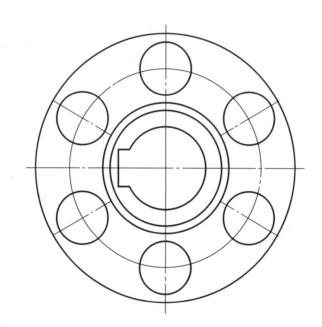

分度圆直径 d=_____；齿顶圆直径 d_a=_____；齿根圆直径 d_f=_____。

班级   姓名   学号

（2）已知一对啮合的直齿圆柱齿轮，模数 $m=3$，齿数 $z_1=16$、$z_2=26$，计算相关尺寸，并补全下面的啮合视图（比例为 1:1）。

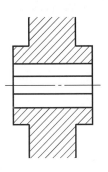

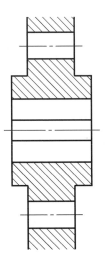

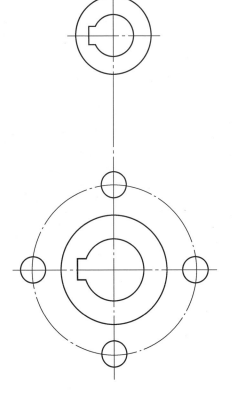

（1）用普通平键连接齿轮和轴，轴的直径 d=18mm，普通平键为 A 型，键长 l=30mm，补全下列图形。

（2）已知用 B 型圆柱销连接齿轮和轴，圆柱销的公称直径 d=6mm，补全下列图形。

班级　　　　　　姓名　　　　　　学号

（1） 在下图的轴上用特征画法画出轴承（比例为 1:1）。	（2） 在下图的轴上用简化画法画出轴承（比例为 1:1）。
轴承代号 30204（GB/T 297—2015） 查表结果如下。 内孔直径_____。 外圈直径_____。 轴承总宽_____。 轴承类型_____。 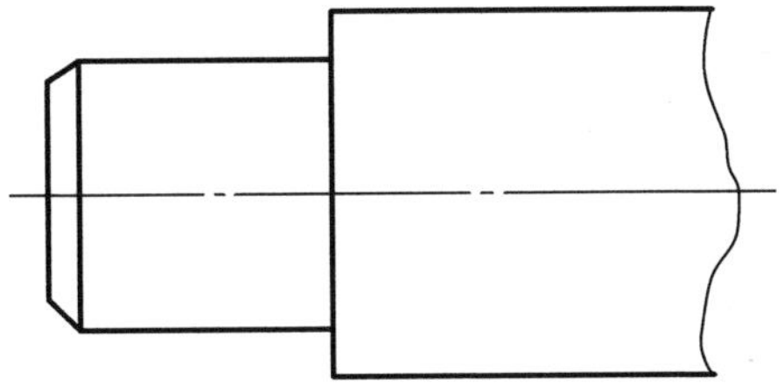	轴承代号 6304（GB/T 276—2013） 查表结果如下。 内孔直径_____。 外圈直径_____。 轴承总宽_____。 轴承类型_____。 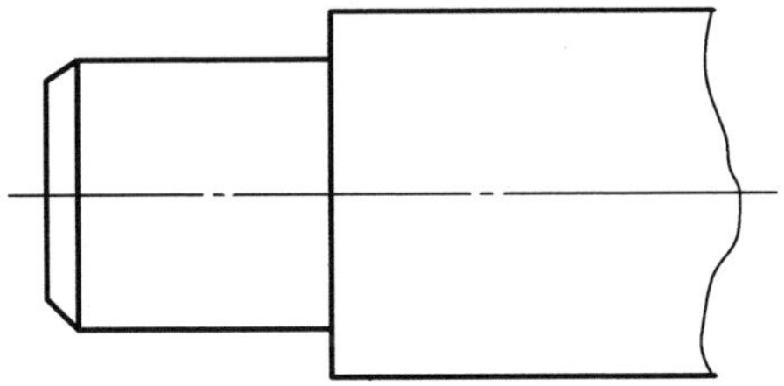

项目六 标准件和常用件

（3）已知圆柱螺旋压缩弹簧的簧丝直径 d=6mm，弹簧外径 D=40mm，有效圈数 n=6，支承圈数 n_0=2.5，节距 t=10mm，左旋，画出弹簧的剖视图（比例为 1:1）。

班级   姓名   学号

项目七　零件图

7-1　零件图的尺寸标注

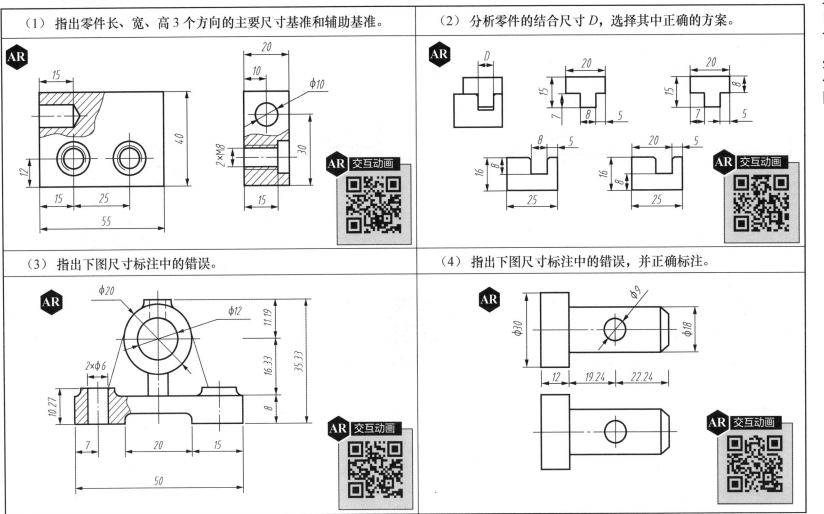

（1）指出零件长、宽、高 3 个方向的主要尺寸基准和辅助基准。

（2）分析零件的结合尺寸 D，选择其中正确的方案。

（3）指出下图尺寸标注中的错误。

（4）指出下图尺寸标注中的错误，并正确标注。

班级　　　　　　　姓名　　　　　　　学号

（1）根据给定的 *R* 轮廓参数值，用代号标注在视图上。

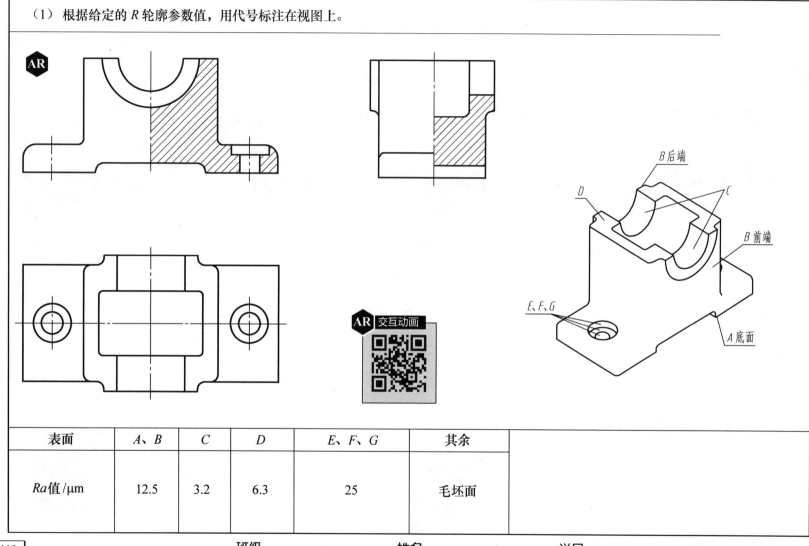

表面	A、B	C	D	E、F、G	其余
*Ra*值/μm	12.5	3.2	6.3	25	毛坯面

班级　　　　　　　姓名　　　　　　　学号

（2）根据给定的表面 R 轮廓参数值，用代号标注在视图上。

① 零件表面 R 轮廓参数值的要求如下。
- 所有圆柱面 Ra 为 1.6μm。
- 倒角、圆锥面 Ra 为 6.3μm。
- 其余各平面 Ra 为 3.2μm。

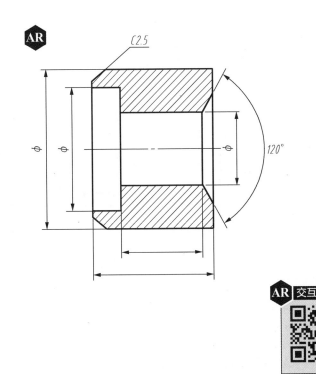

② 零件表面 R 轮廓参数值的要求如下。
- $\phi 15$ 内孔表面 Ra 为 6.3μm。
- 4 个 $\phi 5.5$ 沉孔 Ra 为 12.5μm。
- 间距为 16 的两端面和底面 Ra 为 6.3μm。
- 其余铸造表面不需要切削加工。

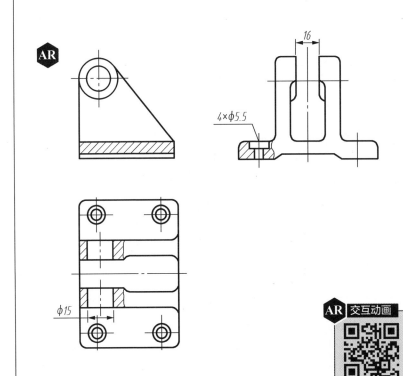

班级　　　　　　　　姓名　　　　　　　学号

（1）　解释下列图中所标注的几何公差代号的含义。	（2）　将下列文字说明的几何公差标注在视图中。

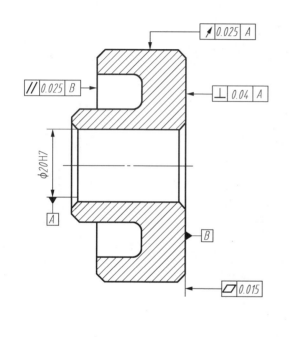

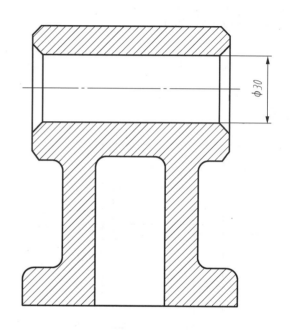

① 右端面的_____公差为 0.015。

② 左端面对_____的_____公差为 0.025。

③ 右端面对_____的_____公差为 0.04。

④ 外圆柱面对_____的_____公差为 0.025。

① φ30 孔轴线的直线度公差为 0.012。

② φ30 孔的圆柱度公差为 0.005。

③ 底面的平面度公差为 0.01。

④ φ30 孔轴线对底面的平行度公差为 0.03。

机械制图习题集（第2版）

班级　　　　姓名　　　　学号

（1）查表标注出零件配合面的尺寸偏差值。

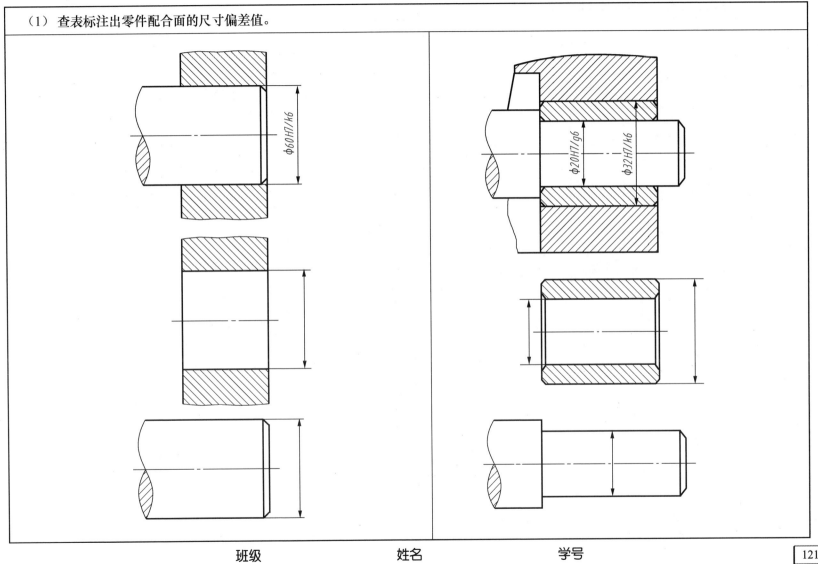

| 班级 | 姓名 | 学号 |

（2）查表标注出零件配合面的尺寸偏差值。

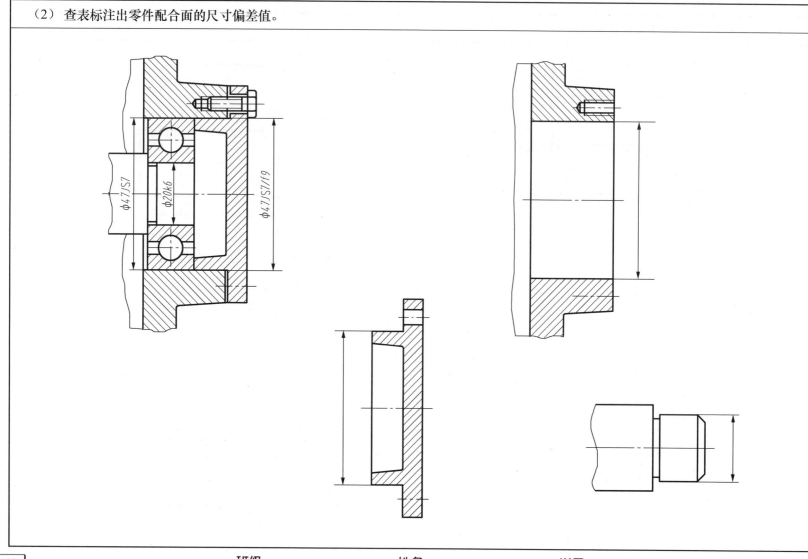

$\phi 47JS7$　$\phi 20k6$　$\phi 47JS7/f9$

班级　　　　　姓名　　　　　学号

（1）读偏心轴零件图，并回答问题。

① 偏心轴零件图中的 4 个图形的名称分别是 ＿＿＿＿＿＿、＿＿＿＿＿＿、＿＿＿＿＿＿ 和 ＿＿＿＿＿＿。

② 偏心轴零件图采用的比例是＿＿＿＿，说明实物是图形的 ＿＿＿＿ 倍。

③ 组成偏心轴的基本形体是 ＿＿＿ 个 ＿＿＿＿＿ 体，它们的定形尺寸分别是 ＿＿＿＿＿、＿＿＿＿＿ 和 ＿＿＿＿＿。

④ 图中 $\phi20^{-0.01}_{-0.02}$ 外圆最大可以加工到＿＿＿＿，最小可以加工成 ＿＿＿＿＿。该圆表面的粗糙度要求是 ＿＿＿＿＿。

⑤ 图中 $\phi12^{+0.011}_{0}$ 孔的定位尺寸是 ＿＿＿＿＿＿。

⑥ $\phi28^{-0.03}_{-0.08}$ 圆柱体与主轴线的偏心距是 ＿＿＿＿＿＿。

⑦ 偏心轴中 $\phi38$ 外圆的表面粗糙度要求为 ＿＿＿＿＿，而注有 $\phi38^{-0.025}_{-0.050}$、长度为 30 处的外圆表面粗糙度要求为 ＿＿＿＿＿。

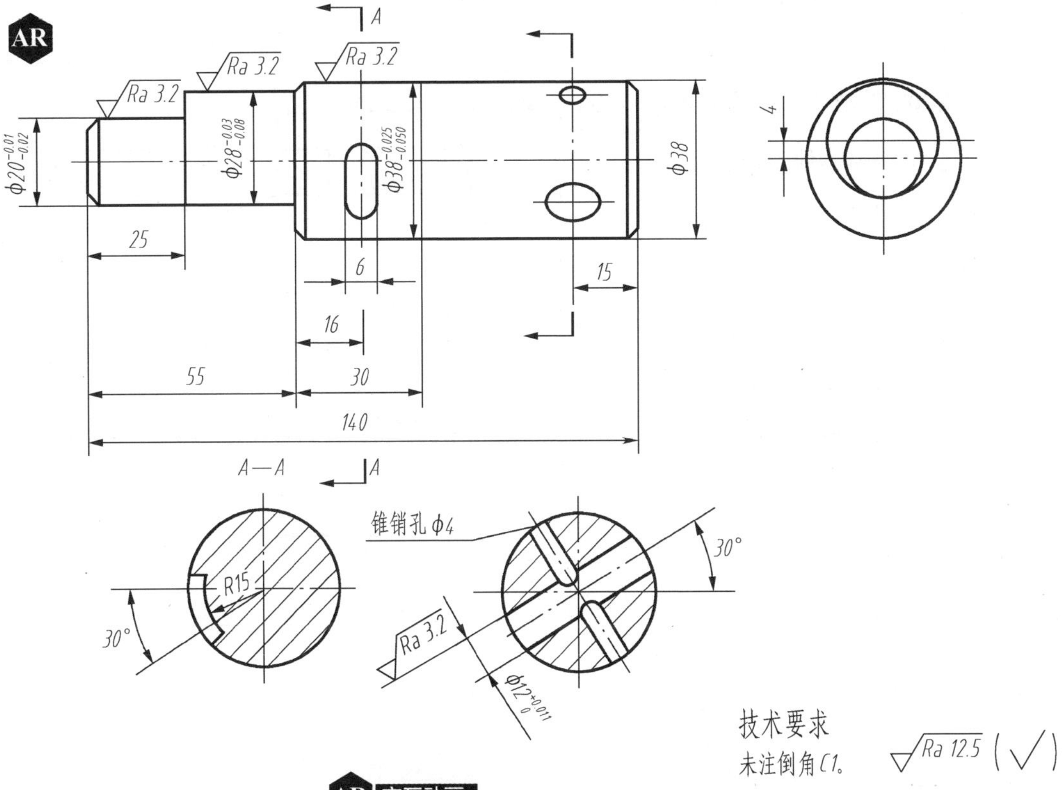

A—A

锥销孔 $\phi4$

技术要求
未注倒角C1。

$\sqrt{Ra\,12.5}$ $(\sqrt{\ })$

偏心轴	比例	1:2	02
	件数	1	
班级		重量	45
制图			
审核			

项目七　零件图

（2）读衬套零件图，并回答问题。

① 衬套零件图为_____视图，表达方法是_____。

② 由 $\phi20_{-0.020}^{-0.007}$ 确定其公称尺寸是_____，查表基本偏差是_____，代号是_____，标准公差是_____，公差等级是_____。

③ 由 $\phi12_{0}^{+0.043}$ 确定其公称尺寸是_____，查表基本偏差是_____，代号是_____，标准公差是_____，公差等级是_____。

④ 2×0.5 是零件的_____尺寸，其中 2 表示_____，0.5 表示_____。

⑤ 图中表面粗糙度最小值是____，最大值是_____，获得表面粗糙度的方法是_____。

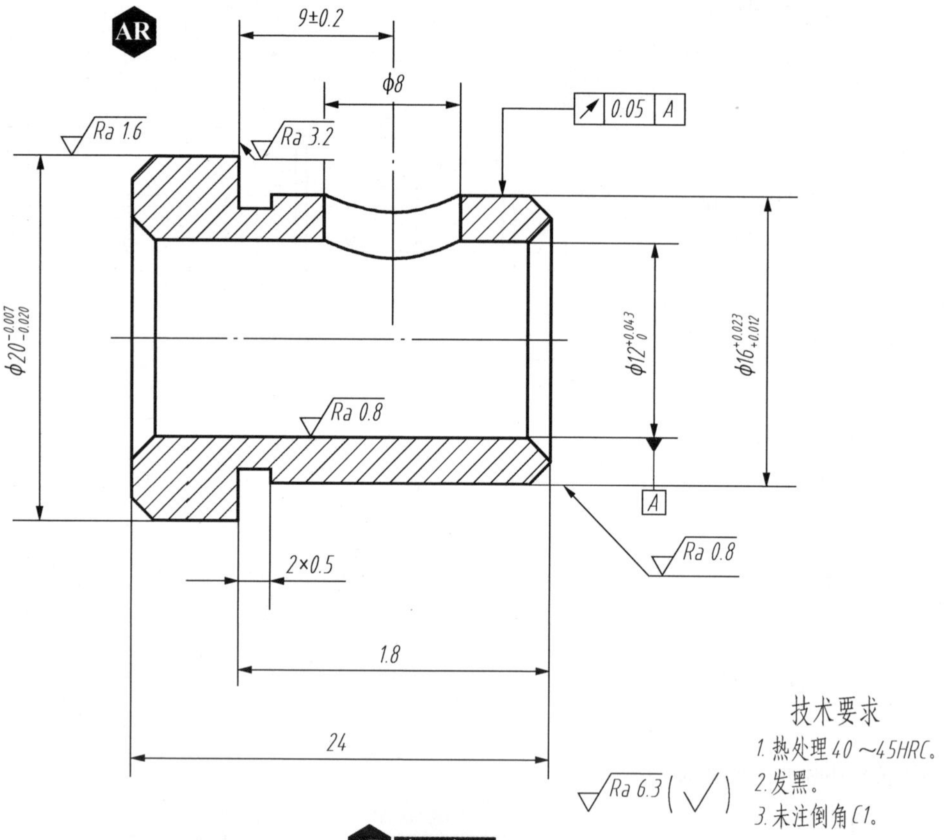

9 ± 0.2

$\phi8$

$\sqrt{Ra\ 1.6}$

$\sqrt{Ra\ 3.2}$

0.05 | A

$\phi20_{-0.020}^{-0.007}$

$\phi12_{0}^{+0.043}$

$\phi16_{+0.012}^{+0.023}$

$\sqrt{Ra\ 0.8}$

A

$\sqrt{Ra\ 0.8}$

2×0.5

1.8

24

$\sqrt{Ra\ 6.3}\left(\sqrt{}\right)$

技术要求
1. 热处理40～45HRC。
2. 发黑。
3. 未注倒角C1。

衬套	比例	2.5:1	03
	件数	1	
班级		重量	45
制图			
审核			

班级　　　　　　姓名　　　　　　学号

（3）读输出轴零件图，并回答问题。

①零件图共采用了＿＿＿个图形，主视图采用了＿＿＿剖视图，φ7▼3的含义是＿＿＿＿＿。

②在图中标明零件的尺寸基准。

③主视图上195、32和φ7是＿＿＿＿＿尺寸，其中195还是＿＿＿尺寸；14和23是＿＿＿尺寸。

④局部放大图的作用是＿＿＿＿＿＿＿＿＿＿＿。

⑤图中右下角"$\sqrt{Ra\,6.3}$（∨）"的含义是＿＿＿＿＿＿＿＿＿＿。

⑥在指定位置作出C—C移出断面图。

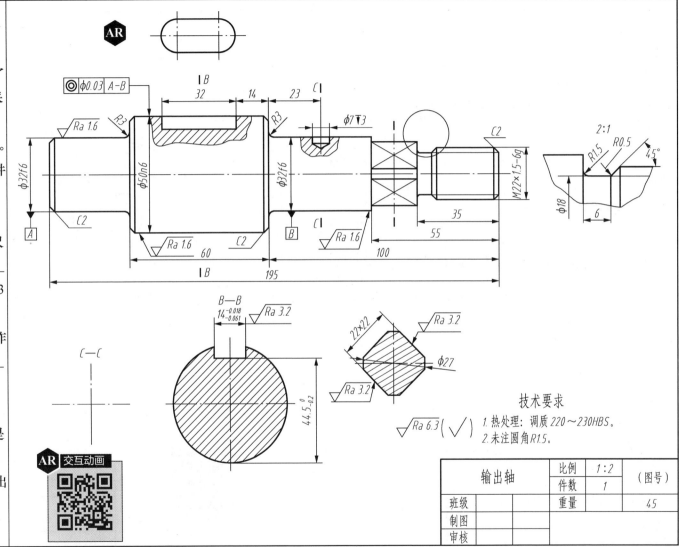

技术要求
1. 热处理：调质220～230HBS。
2. 未注圆角R1.5。

输出轴	比例	1:2	（图号）
	件数	1	
班级		重量	45
制图			
审核			

（1）读零件图，想象零件结构并回答问题。

① 该零件的名称是＿＿＿＿＿＿，材料是＿＿＿＿，比例是＿＿＿＿，属于＿＿＿＿比例。

② 在图中标出零件 3 个方向上的尺寸基准。

③ 该零件的总体尺寸为 ＿＿＿＿、＿＿＿＿、＿＿＿＿。

④ 该零件的基本结构描述：左端面中间部分结构为＿＿＿＿＿＿＿＿＿＿＿＿＿＿＿＿＿＿＿＿＿＿＿＿＿＿＿，边沿周向均布＿＿＿个槽，定形尺寸是＿＿＿＿、＿＿＿＿和＿＿＿＿，定位尺寸为＿＿＿＿和＿＿＿＿。右端面与圆柱面间的连接面是＿＿＿＿＿＿面，定形尺寸是＿＿＿＿，定位尺寸为＿＿＿＿和＿＿＿＿。

⑤ 画出零件的 A 向视图，按1:1的比例画图。

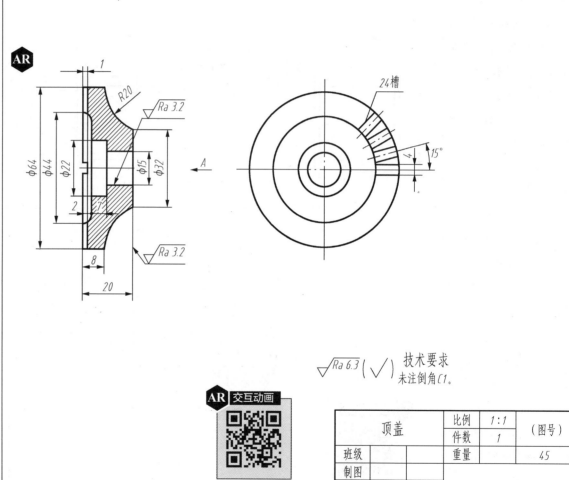

AR 交互动画

$\sqrt{Ra\,6.3}\left(\sqrt{}\right)$

技术要求
未注倒角C1。

顶盖	比例	1:1	（图号）
	件数	1	
班级		重量	45
制图			
审核			

班级　　　　姓名　　　　学号

（2）读零件图，想象零件结构并回答问题。

① 该零件的名称是 _____，比例是 _____，用了 _____ 个视图，主视图采用了 _____ 的表达方法。

② 将零件的尺寸基准标注在视图上。

③ 尺寸 4×ϕ12 表示 _____ 个直径是 _____ 的孔。

④ 尺寸 $\phi50_{-0.016}^{0}$ 属于 _____ 类型尺寸，表示公称尺寸为 _____，最大尺寸为 _____，最小尺寸为 _____，公差为 _____。

⑤ 该零件的工艺结构有倒角和圆角，几何尺寸分为 _____、_____。

⑥ 该零件的总体尺寸为 _____。

⑦ 零件中 $\sqrt{Ra\,6.3}$ 符号的含义是 _____，$\sqrt{Ra\,12.5}$ $(\sqrt{})$ 的含义是 _____。

技术要求
未注圆角半径 R2。

衬盖	比例	1:1	（图号）
	件数	1	
	班级		重量
	制图		HT250
	审核		

（3）读零件图，想象零件结构并回答问题。

① 该零件的名称是 _____，材料是 _____，比例是 _____，属于 _____ 比例。

② 该零件的 ___ 和 ___ 方向的尺寸基准为 ____、___ 方向的尺寸基准为 _____；为了便于测量，还将 ____ 面设为 ____ 辅助基准。

③ 该零件主视图采用了 _____ 的表达方法，左视图采用了 _____ 的表达方法。

④ 补全该零件的尺寸和剖切符号。

⑤ 尺寸 $\dfrac{4 \times \phi 9}{\sqcup \phi 20}$ 的含义是 _____

_____。

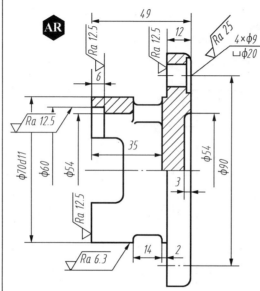

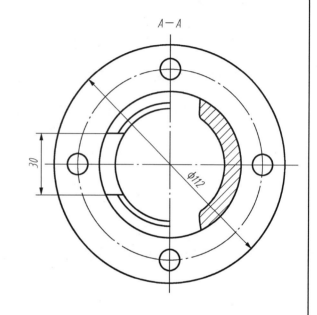

A—A

技术要求
1.未注圆角半径为R3。
2.铸件不得有气孔、裂纹等缺陷。

轴承盖	比例	1:2	（图号）
	件数	1	
班级		重量	HT200
制图			
审核			

班级　　　　　　姓名　　　　　　学号

7-7 识读叉架类零件图

（1）读拨叉零件图，并回答问题。

① 拨叉零件共用了 ___ 个图形来表达形体结构，其中 *A*—*A* 是 ____ 图，*B* 向旋转为 ________ 图。

② 图中的双点画线表示 ________ ____________________________。

③ $\phi 4$ 圆孔的定位尺寸是 ______，该孔的表面粗糙度为 ______。

④ 肋板的厚度是 ______，其表面粗糙度代号是 ________。

⑤ $\phi 18^{+0.018}_{0}$ 孔的上极限尺寸是 ______，下极限尺寸是 ____，公差是 __________。

⑥ 图中有 _____ 处倒角，尺寸为 __________。

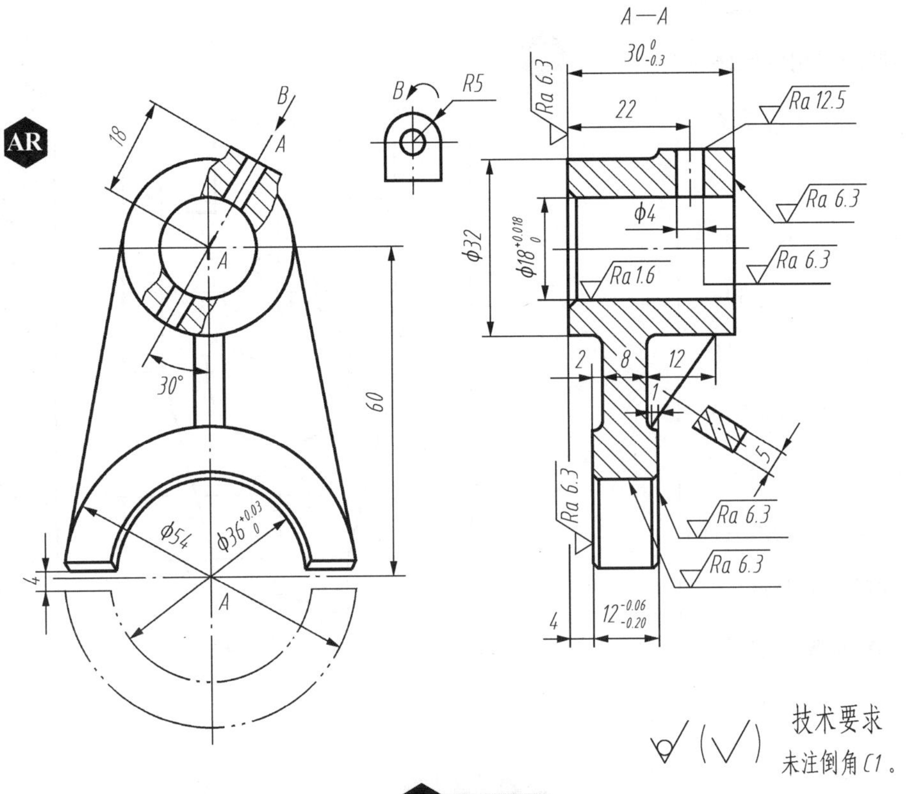

技术要求

未注倒角 C1。

AR 交互动画

拨叉			比例	1:1	01
			件数		
班级			重量		HT200
制图					
审核					

（2）读压板零件图，并回答问题。

① 压板零件图中左视图的表达方法是 _____，零件图采用的比例是 _____，说明实物是图形的 ____ 倍。

② 压板零件图中的总体尺寸是 _____，主视图中的 40、12、30、$\phi14$ 和左视图中的 20、8°、5 和 18 都是 ____ 尺寸，$\phi14$ 和 $\phi31$ 的定位尺寸是 _____，14 是 ____ 尺寸。

③ 在压板零件图上注出长度方向、高度方向和宽度方向的尺寸基准。

④ 该零件表面的粗糙度要求最高是 ____，最低是 ____，获得表面粗糙度的方法是 _____。

⑤ 说明图中的技术要求有 ____、_____。

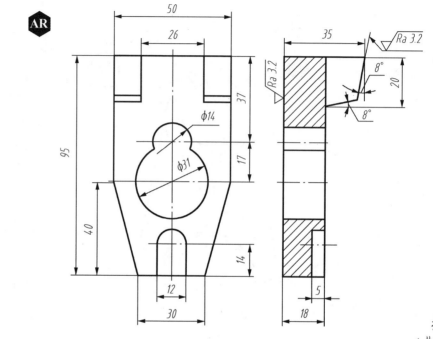

技术要求
1. 热处理 35～40 HRC。
2. 发黑。
3. 锐边倒钝。

压板	比例	1:2	02
	件数		
班级		重量	45
制图			
审核			

班级　　　　　　　姓名　　　　　　　学号

（3）读支架零件图，并回答问题。

① 支架零件图包括____视图、____图和____图。零件材料是_____。其中HT表示_____，200表示_____。

② 尺寸 φ25H9 中，φ25 是____尺寸，H 表示_____，9 表示_____。

③ 主视图两处局部剖视图的作用为_____。

④ 支架上 C1 的倒角有___处，表面粗糙度要求为 12.5 的表面有____处，符号 $\sqrt{(\sqrt{\ })}$ 表示_____。

⑤ 移出断面图中尺寸 30 是____方向尺寸，28 是____方向尺寸。

⑥ 支架左侧圆筒的定形尺寸是_____，支架右侧斜板的定位尺寸是_____。

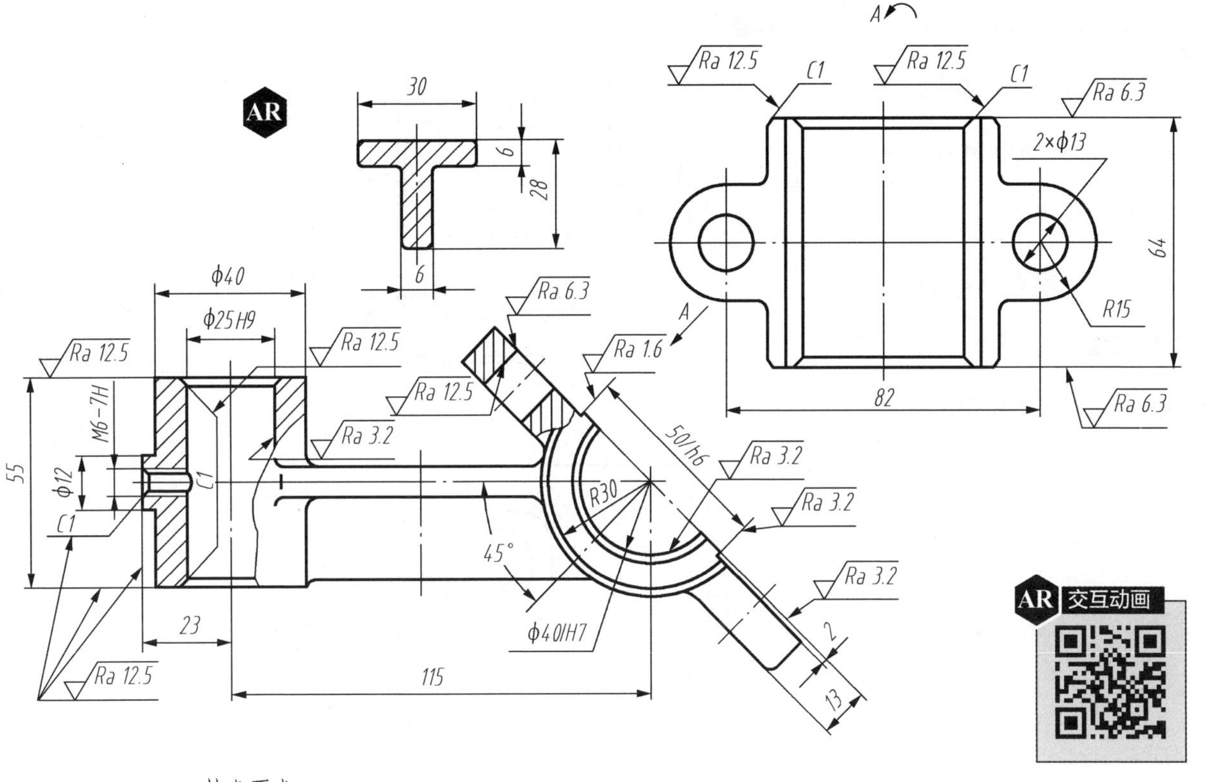

AR

$\sqrt{Ra\ 12.5}$ $\sqrt{Ra\ 12.5}$ $\sqrt{Ra\ 6.3}$

A

$C1$ $C1$ $2\times\phi13$

30

6

28

6

$\phi40$

$\phi25H9$ $\sqrt{Ra\ 12.5}$

$\sqrt{Ra\ 6.3}$ A $\sqrt{Ra\ 1.6}$

$\sqrt{Ra\ 12.5}$ $M6-7H$ $\sqrt{Ra\ 12.5}$

$\sqrt{Ra\ 3.2}$

64

$R15$

82

$\sqrt{Ra\ 6.3}$

55   $\phi12$ $50/h6$ $\sqrt{Ra\ 3.2}$

$C1$ $R30$ $\sqrt{Ra\ 3.2}$

$45°$ $\phi40/H7$

$C1$ 23 $\phi40/H7$ 2

$\sqrt{Ra\ 12.5}$ 115   13

AR 交互动画

技术要求
1. φ40/H7 与其相关的零件同时加工。
2. 未注圆角 R3～R5。

$\sqrt{(\sqrt{\ })}$

支架	比例	1:1.5	03
	件数	1	
班级	重量	HT200	
制图			
审核			

（1）读泵体零件图，按要求标注图中缺少的尺寸（不注尺寸数字）和表面粗糙度。

① 底板的定形尺寸及两个沉孔的定位尺寸。

② $\phi 28H7$ 和 $\phi 33F8$ 两孔的表面粗糙度 Ra 值均为 1.6。

③ 两螺纹孔的定位尺寸。

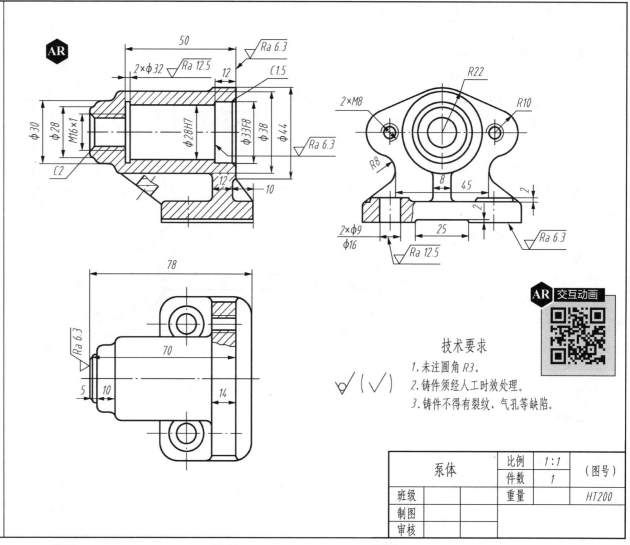

技术要求

1. 未注圆角 R3。
2. 铸件须经人工时效处理。
3. 铸件不得有裂纹、气孔等缺陷。

泵体	比例	1:1	（图号）
	件数	1	
班级	重量		HT200
制图			
审核			

班级　　　　　姓名　　　　　学号

（2）读泵体零件图，想象零件的结构形状，绘制 C 向视图并回答下列问题。

① D—D 表示了 _____ 和 _____ 的形状。

② 尺寸 φ60H7 的含义是

_____

_____ 。

③ G1/8 表示 _____ 。

④ 符号 ⊥ 0.02 A 的

含义是 _____

_____ 。

⑤ 符号 ⊙ φ0.002 A 的

含义是 _____

_____ 。

AR 交互动画

⊙ φ0.002 A

38

30

16

Ra 6.3

⊥ 0.02 A

Ra 3.2

φ78

φ82

φ60H7

14

Ra 3.2

5

Ra 12.5

φ15H7

Ra 3.2

15

A

φ22

φ38

Ra 12.5

3×M4-7H ▼10

10

⊥ 0.02 A

28

68

Ra 12.5

C

86

6×M6-7H ▼14

Ra 12.5

Ra 12.5

φ70

φ20

G1/8

2×φ9

⨅φ20

$55_0^{+0.1}$

D

D

74

96

Ra 6.3

C

D—D

12

38

50

Ra 3.2

技术要求
1. 未注圆角 R3～R5。
2. 铸件不得有裂纹、气孔等缺陷。

⌀/（√）

泵体	比例	1:1	（图号）
	件数	1	
班级	重量		HT200
制图			
审核			

（3）读泵体零件图并回答下列问题。

① 泵体共用了 ＿＿＿ 个视图表达，主视图为 ＿＿＿＿ 剖视图，左视图为 ＿＿＿＿ 剖视图，B—B 为 ＿＿＿ 图。

② 长度方向的尺寸基准为泵体的 ＿＿＿＿ 对称面，宽度方向以泵体的 ＿＿＿ 面为基准，＿＿＿ 面为高度方向的尺寸基准。

③ 主视图中最大粗实线圆的直径是 ＿＿＿，与其同心的最小粗实线圆的直径是 ＿＿＿。

④ $R_P3/8$ 表示 ＿＿＿＿＿＿＿＿＿

＿＿＿＿＿＿＿＿＿＿＿。

⑤ $\phi100H7$ 表示 ＿＿＿＿＿＿＿

＿＿＿＿＿＿＿＿＿＿＿。

⑥ 符号 $\boxed{\nearrow\ 0.02\ B}$ 表示 ＿＿＿

＿＿＿＿＿＿＿＿＿＿＿。

⑦ $\phi14F8$ 孔表面的粗糙度要求是 ＿＿＿＿＿＿＿。

⑧ $\dfrac{3\times M6}{EQS}$ 的含义是 ＿＿＿＿＿

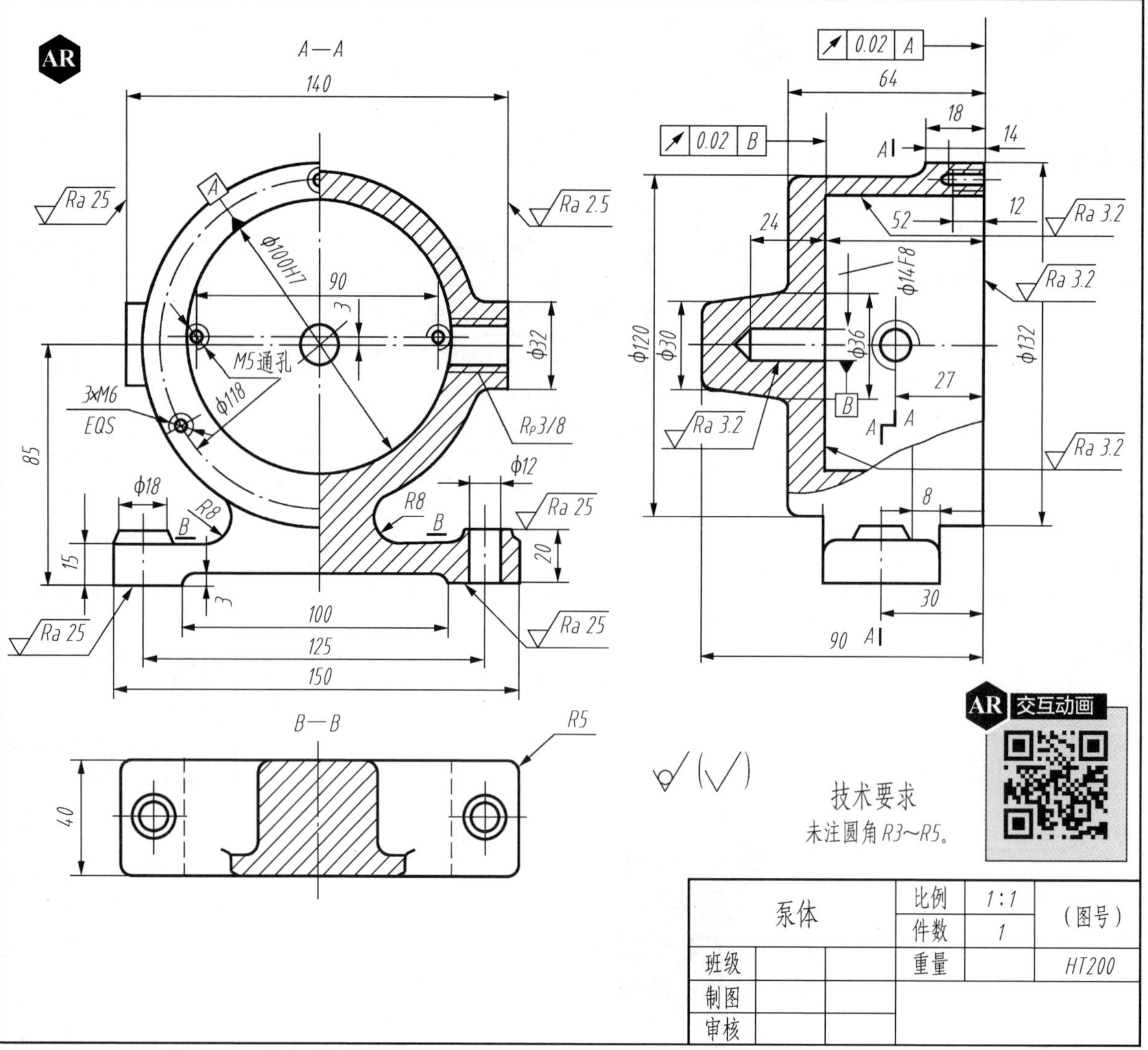

＿＿＿＿＿＿＿＿＿＿＿。

技术要求
未注圆角 R3～R5。

泵体	比例	1:1	（图号）
	件数	1	
班级		重量	HT200
制图			
审核			

班级　　　　　姓名　　　　　学号

零件测绘作业指导书

一、作业目的

（1）掌握零件测绘的方法与步骤。

（2）掌握零件表达方案的选择和尺寸标注。

（3）熟悉技术要求的注写。

二、要求

（1）看懂零件形状，了解其功用。

（2）图形表示、尺寸标注应完整、正确、清晰、合理。

（3）草图内容（零件尺寸、技术要求等）应完整。

三、内容

（1）测绘轴套类、盘盖类、叉架类、箱体类零件各一个，画出零件草图，然后整理画出两张零件图（轴类采用一张 A4 图纸，箱体类采用一张 A3 图纸）。

（2）后面列有零件立体图，可作为零件测绘的补充题目。

四、注意事项

（1）草图要求徒手绘制，图线清楚，字体工整。

（2）草图完成后，要认真检查，纠正错、漏之处。

（3）画零件图前，要对草图的视图表示、尺寸标注、技术要求等进行核查补充，修改不完善、不合理之处，再绘制成零件图。

（4）要妥善保管测绘工具、量具和零件，防止丢失、损坏。

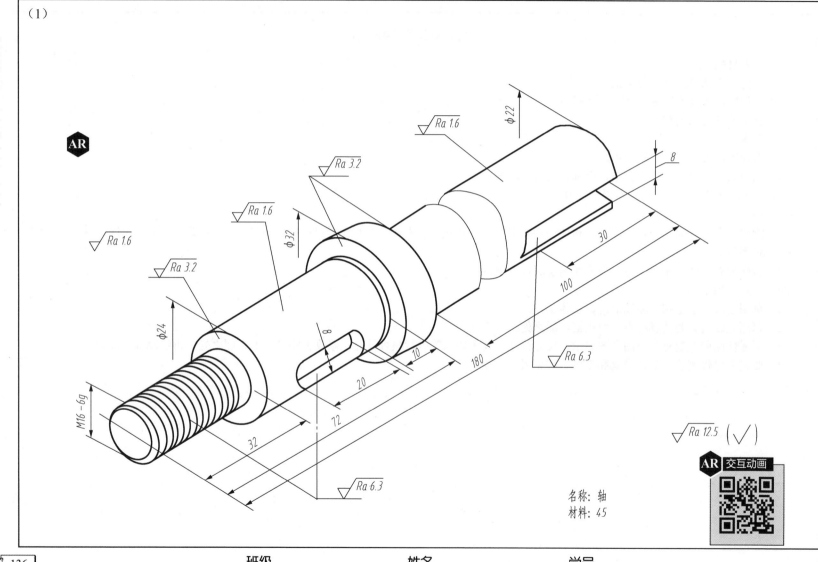

（1）

AR

√ Ra 1.6

φ22

√ Ra 3.2

√ Ra 1.6

φ32

√ Ra 1.6

√ Ra 3.2

φ24

8

30

100

10

180

M16－6g

8

20

72

√ Ra 6.3

32

√ Ra 6.3

√ Ra 12.5 (√)

名称：轴
材料：45

AR 交互动画

班级　　　　　　　姓名　　　　　　　学号

（2）

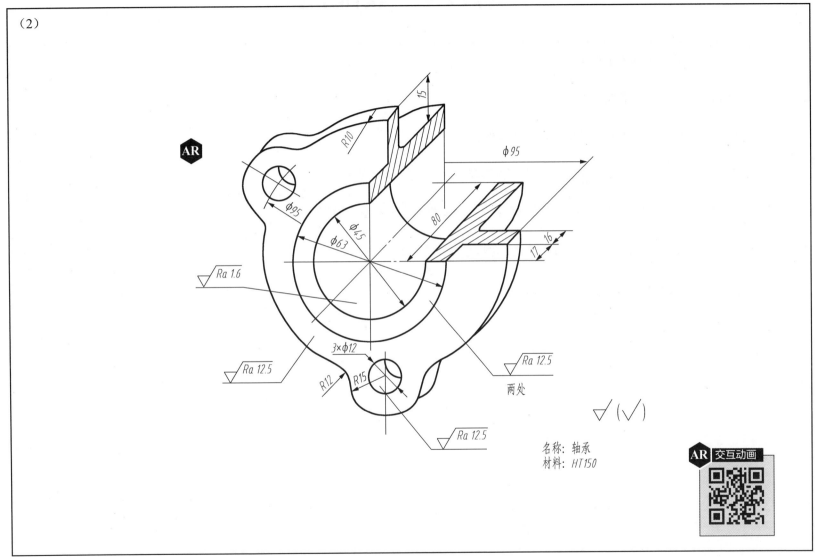

名称：轴承
材料：HT150

AR 交互动画

班级　　　　　　姓名　　　　　　学号

项目八　装配图

（1）识读下一页装配图并回答下列问题。

① 装配体的名称、绘图比例是什么？

② 组成装配体的零件共有几种？其中有几种是标准件？

③ 装配图采用了哪些表达方法？装配体中各零件的装配关系主要由哪个视图表达？

④ 件7、件8的轴线方向是靠哪个零件固定的？件4与件6用的是什么连接方法？

⑤ 装配体的总体尺寸有哪些？配合尺寸有哪些？哪些是安装尺寸？

⑥ 装配体中哪些零件为运动件？写出传动路线。

⑦ 简述装配体的装配顺序。

班级　　　　　　姓名　　　　　　学号

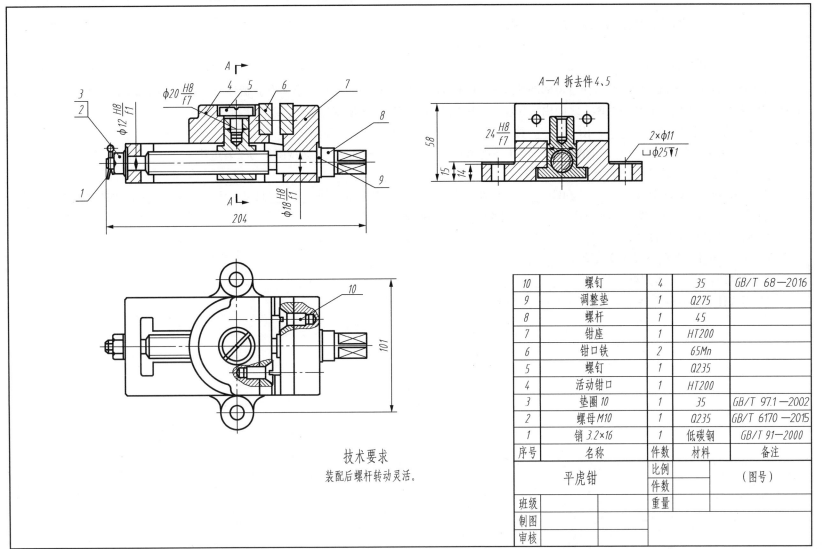

A—A 拆去件4、5

技术要求
装配后螺杆转动灵活。

10	螺钉	4	35	GB/T 68—2016
9	调整垫	1	Q275	
8	螺杆	1	45	
7	钳座	1	HT200	
6	钳口铁	2	65Mn	
5	螺钉	1	Q235	
4	活动钳口	1	HT200	
3	垫圈 10	1	35	GB/T 97.1—2002
2	螺母 M10	1	Q235	GB/T 6170—2015
1	销 3.2×16	1	低碳钢	GB/T 91—2000
序号	名称	件数	材料	备注

平虎钳	比例		（图号）
	件数		
班级	重量		
制图			
审核			

（2）识读下一页球心阀的装配图并回答下列问题。

球心阀的工作原理如下。

球心阀是控制管中流体流量和启闭管道的部件。转动阀杆 11 带动球心 4 旋转，使通孔偏移，流体通路截面逐渐缩小，直至旋转 90°时，阀门通路完全关闭。阀杆与阀体 9 之间由密封环 8、垫 7 和螺纹压环 10 组成密封装置，以防止流体泄漏。

① 该装配体的名称为 _____，由 _____ 种共 _____ 个零件组成，其中标准件 _____ 个。

② 该装配体共用了 _____ 个图形表达，其中主视图采用了 _____ 剖视图，B 向视图是为了表达件 _____ 的外部形状。

③ 解释图中尺寸 M22 × 1.5 的含义：_____。

④ 尺寸 44H11/C11 是件 _____ 和件 _____ 的 _____ 尺寸，其中 ϕ44 是 _____ 尺寸，H11 表示 _____ 的公差带代号，C11 表示 _____ 的公差带代号，属于基 _____ 制的 _____ 配合。

⑤ 图中件 2 和件 3 的作用是 _____。

⑥ 件 11 阀杆头部的交叉细实线表示 _____。

⑦ 若欲取出件 4，拆卸顺序为 _____。

⑧ 拆画件 9 阀体的零件草图（比例为 1:1，画在下面）。

班级　　　　　　姓名　　　　　　学号

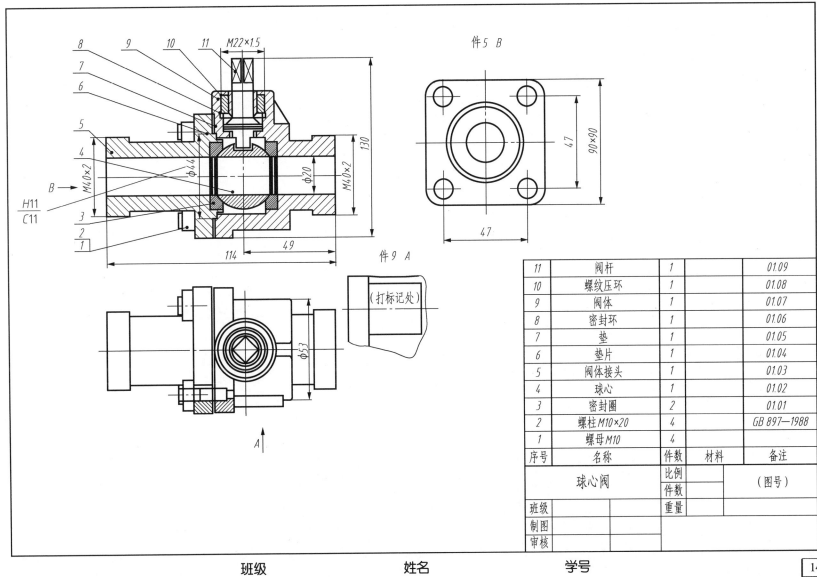

件5 B

件9 A

(打标记处)

11	阀杆	1		01.09
10	螺纹压环	1		01.08
9	阀体	1		01.07
8	密封环	1		01.06
7	垫	1		01.05
6	垫片	1		01.04
5	阀体接头	1		01.03
4	球心	1		01.02
3	密封圈	2		01.01
2	螺柱 M10×20	4		GB 897—1988
1	螺母 M10	4		
序号	名称	件数	材料	备注

球心阀	比例		(图号)
	件数		
班级	重量		
制图			
审核